蔬菜病虫害诊治丛书

番茄病虫害诊治图谱

黄文　主编

河南科学技术出版社
·郑州·

图书在版编目（CIP）数据

番茄病虫害诊治图谱 / 黄文主编 . —郑州：河南科学技术出版社，2023.2

（蔬菜病虫害诊治丛书）

ISBN 978-7-5725-1053-3

Ⅰ . ①番…　Ⅱ . ①黄…　Ⅲ . ①番茄—病虫害防治—图谱　Ⅳ . ① S436.412-64

中国国家版本馆 CIP 数据核字（2023）第 006579 号

出版发行：河南科学技术出版社

地址：郑州市郑东新区祥盛街27号　　邮编：450016

电话：（0371）65737028　65788613

网址：www.hnstp.cn

策划编辑：李义坤

责任编辑：田　伟

责任校对：丁秀荣

封面设计：张德琛

责任印制：张艳芳

印　　刷：郑州新海岸电脑彩色制印有限公司

经　　销：全国新华书店

开　　本：850 mm × 1 168 mm　1/32　印张：4.75　字数：140千字

版　　次：2023年2月第1版　　2023年2月第1次印刷

定　　价：32. 00元

《番茄病虫害诊治图谱》

编写人员

主　　编　黄　文

副 主 编　郭　竞　龚　攀　黄晓燕

参　　编　应芳卿　刘慧超　李自娟　张　舜　王玥颖

　　　　　张晓炎　韩　荔　邹晓燕

前言

目前，在我国种植的蔬菜中，番茄的种植面积排名第四，番茄产业已成为我国蔬菜产业的重要组成部分。随着设施番茄种植面积的不断扩大加之气候条件变化的影响，番茄病虫害频繁发生。若在番茄生产中不加大对病虫害的防控力度，将会导致番茄产量大幅度减少，番茄品质下降。

鉴于此，郑州市蔬菜研究所组织相关专家，总结番茄病虫害防治方面积累的理论及实践经验，并参阅国内外番茄病虫害防控的最新研究成果，编写了本书。

本书分为生理性病害、侵染性病害及虫害 3 个部分，分别从病害的发病症状、发病规律及防治方法等方面进行讲解，图文并茂，通俗易懂，尽量做到“看得懂、学得会、用得上”，并以多年、多领域的科研、生产实践经验为基础，突出科学性、实用性、新颖性。本书皆在为从事番茄生产的农民提供可靠的实用技术资料，让农民学到想要了解的知识，掌握需要的技能，解决番茄生产中遇到的实际难题。

由于编著者水平有限，加上编写时间仓促，书中如有错误和疏漏之处，恳请广大读者、同行批评指正。

编　者

2022 年 2 月

目录

第一部分 生理性病害

一 番茄畸形果

【发病症状】

番茄畸形果也称番茄变形果。畸形果的种类很多，包括链斑果、窗孔果、指突果、顶裂果、混发果、多心果等多种形状，心室数比正常果多（图1.1~图1.6）。畸形果一般在第1穗果中发生较为严重。当夜温长期低于8 ℃时就会大量出现畸形花（图1.7、图1.8），以后发育生长成畸形果。这些畸形花表现为豆形、扁子房、粗花柱、多花瓣等症状。

图1.1 链斑果

图1.2 窗孔果

图1.3 指突果

图1.4 顶裂果

图1.5　混发果

图1.6　多心果

图1.7　畸形花1

图1.8　畸形花2

【发病规律】

（1）植株花芽分化和发育期遇到持续低温：番茄苗第1~3个花序分化时如平均气温8℃以下并持续10~12天，则极有可能形成畸形花，进而发展成畸形果。

（2）植物生长调节剂使用不当：使用的浓度过高或没有在开花后的合适时间进行处理，易形成畸形果。

（3）肥水管理不善：在花芽分化期，如果植株养分积蓄过多，易导致果实畸形。

【防治方法】

（1）及时摘果：发生畸形果后及时摘除，以利于正常花果的发育。

（2）适时播种并创造良好的育苗环境：预防番茄畸形果产生的最好办法是提高育苗温度。如果11月前后播种，要加强苗床温度管理，控制适当的苗龄。一般早、中熟品种的苗龄不宜超过90天，晚熟品种的苗龄不宜超过100天。

（3）加强肥水管理：营养土的配制、育苗期间的追肥和水分补充等均应严格把关，避免氮肥过多、苗床过于潮湿。

（4）合理使用植物生长调节剂：一般在同一花序中有50%的花开放时进行喷（蘸）花处理，喷（蘸）花时间以上午8~10时和下午3~4时为宜，并根据当时保护地的气温高低灵活掌握使用浓度，气温高时浓度要低，气温低时浓度要高。

二　番茄空洞果

【发病症状】

番茄空洞果俗称“八角帽”，各地保护地均有发生，特别是冬春茬发生较多。该病主要表现为果内空腔，即浆汁和水分少，果重轻，品质差（图1.9~图1.12）。

图1.9　番茄空洞果1

图1.10　番茄空洞果2

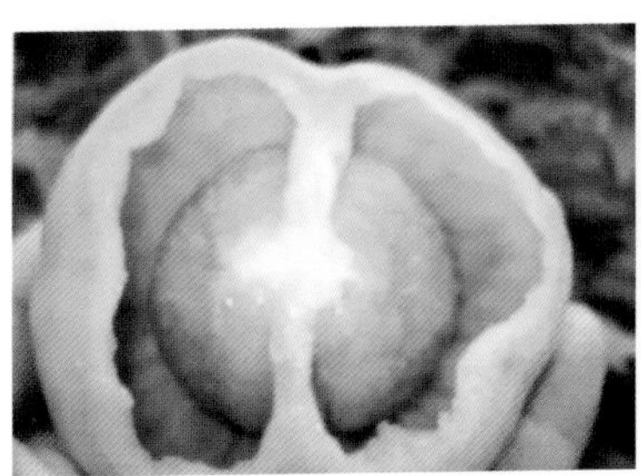

图1.11　番茄空洞果剖面1

图1.12　番茄空洞果剖面2

【发病规律】

（1）受精不良：番茄开花期遇到高温、光照不足时，花粉不能正常发育，降低了雌蕊的受精能力，导致种胚退化，胎座组织不发达而产生空洞果。

（2）施肥不当：需肥量多的大型品种，生长后期营养跟不上，光合作用积累的糖类少，易产生空洞果。

（3）激素使用不当：使用激素蘸花防落时，如果施药浓度过大、处理时花蕾过小易产生空洞果。

【防治方法】

（1）做好温、光调控：苗期花芽分化时要避免持续出现10℃以下低温，开花期白天避免出现35℃以上高温，促进胎座正常发育。

（2）加强肥水管理：采用配方施肥技术，合理调整氮、磷、钾施肥比例；科学用水，促进植株营养生长和生殖生长平衡发展。

（3）加强番茄生长管理：尽量不使用人工激素处理番茄，使番茄正常成熟。如果使用激素处理时，浓度要准确，用量要适宜。2,4-D处理浓度为15~20 mg/L，防落素处理浓度为25~50 mg/L，气温低时浓度宜高，气温高时浓度宜低。不能重复蘸花，避免处理花蕾。

三　番茄豆果

【发病症状】

番茄坐果后基本不发育，病果小的如豆粒，大的如拇指，基本为僵化无籽的老小果（图1.13、图1.14）。

【发病规律】

（1）番茄在蕾期或开花期遇高温或低温，并且光照不足，花发育不良而不能正常授粉、受精，出现小豆果。

（2）番茄在果实膨大初期，如水肥供应不足，易形成小豆果。

（3）点花浓度降得过低，或点花过晚，致使激素不足，易形成僵果或小果。

【防治方法】

进行人工辅助授粉。培育健壮的番茄幼苗，增强抵抗不良环境的能力。使用2,4-D刺激素蘸花，促进番茄单性结实。

图1.13　番茄豆果1

图1.14　番茄豆果2

四 番茄裂果

【发病症状】

番茄裂果主要有三种类型（图1.15~图1.17）。

（1）放射状裂果：一般从果实绿熟期开始到转色前2~3天裂痕明显，裂果以果蒂为中心向果肩部延伸，呈放射状深裂或龟裂。

（2）环状裂果：多在果实成熟前出现，以果蒂为圆心，呈同心圆状裂纹或龟裂。

（3）条状裂果：在膨果期到成熟前均可发生。果实顶部呈不规则条状裂纹或龟裂。

图1.15 放射状裂果

图1.16 环状裂果

图1.17 条状裂果

【发病规律】

（1）果实发育后期或转色期遇到夏季高温、烈日、干旱、水分过多等情况，果实表皮薄，果肉含水量多，果皮的生长与果肉组织的生长膨大速度不相适应，膨压增大产生裂果。

（2）膨果期间，土壤湿度忽高忽低，水分供应不均衡，导致番茄裂果。但品种不同，对裂果的抗性也有差异。一般长形果，或果蒂小、棱沟浅的小果型品种，或叶片大、果皮内木栓层薄的品种抗裂性较强。

（3）缺硼导致花发育不良，不能正常受精，影响糖类的运输，导致番茄裂果。

（4）激素使用过量，果实膨果速度过快，果皮生长较慢，导致裂果。

（5）缺钙，韧皮部不能完全发育，导致番茄裂果。

【防治方法】

（1）选择果皮厚韧及枝叶繁茂的品种：一般果形大而圆、果实木栓层厚的品种，比中小株型、高桩型果、木栓层薄的品种更易产生裂果。

（2）加强水肥管理：增施生物有机肥，促进根系生长，合理浇水，避免土壤过湿或过干，土壤相对湿度以80%左右为宜。特别应防止久旱后浇水过多。

（3）及时补充钙肥和硼肥：番茄吸收钙和硼不足时易引起番茄裂果。必要时叶面可喷施96%硫酸铜1 000倍液，或0.1%硫酸锌，或0.7%氯化钙加0.1%硼砂，每隔10~15天喷施1次，连续喷施2~3次。

（4）注意环境调控，防止果皮老化：避免阳光直射果肩，在选留花序和整枝绑蔓时，要把花序安排在支架的内侧，靠自身的叶片遮光。摘心时要在最后一个果穗的上面留两片叶，为果穗遮光。设施栽培时要及时通风，降低空气湿度，缩短果面结露时间。

五 番茄日灼

【发病症状】

番茄日灼俗称日烧病，发生于果实上，多出现于膨大期绿果时。果实的向阳面出现大块褪绿变白的病斑，与周围健全组织界线比较明显，病斑部后期变干、呈革质状、变薄、组织坏死（图1.18、图1.19）。有时叶片也可出现日灼，初期叶的一部分褪绿，以后变成漂白状，最后变黄枯死。

图1.18 日灼果1

图1.19 日灼果2

【发病规律】

（1）番茄定植过稀，或整枝、摘心过重，或摘叶过多，果实暴露在枝叶外面，因阳光直接照射而被灼伤。

（2）早晨果实上有露水，如太阳光正好直射到露水上，露水起聚光作用而吸热，引起果实灼伤。

（3）天气干旱、土壤缺水或雨后暴晴，都易加重病情，产生大量日灼果。

【防治方法】

（1）注意合理密植，适时、适度整枝打杈，使茎叶相互掩蔽，果实不受阳光直射。

（2）注意作物行向，一般南北行向日灼病发病较轻。

（3）温室、大棚温度过高时，及时通风，促使叶面、果面温度下降，或及时灌水，降低植株体温。阳光过强时覆盖帘子或遮阳网。必要时喷施85%比久可溶性水剂2 000~3 000 mg/kg，或0.1%硫酸锌、硫酸铜，增加番茄抗日灼能力。

（4）在结果期吊秧绑蔓时将果穗配置在叶荫处。

六 番茄茎裂

【发病症状】

番茄茎裂多发生在番茄第2或第3花序附近。茎部开裂，变成褐色。将患处折断，可看到茎髓部组织坏死，褐变，生长点呈丛生灌木状或秃顶，顶端萎缩，停止生长，上方花序不能正常开花结果（图1.20、图1.21）。

【发病规律】

该病主要是苗期吸收硼素受阻所致。缺硼会引起生长点附近细胞分裂组织的坏死和细胞内部的崩溃，导致茎裂。夏季高温干旱、施用氮肥过多、土壤缺少钙和钾，影响番茄对硼的吸收。

【防治方法】

（1）除选用裂茎程度低的品种外，应增施磷、钾、钙肥，多施腐熟有机肥。整地时，每亩（1亩约为667 m^2）施硼砂0.5~1.0 kg，注意有机肥充分混合后施入播种沟或定植沟内。

（2）生长前期防高温干旱可采取遮阴措施，开花期配制硼砂3 000倍液进行叶面喷施，每隔5~7天防治1次，连续防治3次。

图1.20 番茄茎裂1

图1.21 番茄茎裂2

七　番茄芽枯病

【发病症状】

番茄芽枯病一般发生在植株第2、第3穗果的着生处附近。被害株初期幼芽枯死，被害部位常有皮层包被，在发生芽枯处形成一缝隙，呈竖“一”字形或“Y”形，裂痕边缘有时不整齐，但没有虫粪。芽枯病发生严重的植株，生长点枯死不再向上生长，而是出现多分枝向上长的情况（图1.22~图1.25）。

【发病规律】

（1）该病的发生主要是由于夏秋保护地内中午未及时通风，造成棚内35 ℃以上的高温，高温烫死幼嫩的生长点，使茎受伤所致。

（2）番茄栽培过程中氮肥施用过多。

（3）在多肥条件下，高温干燥会影响植株对硼肥的吸收，造成植株缺硼。

【防治方法】

（1）苗期培育壮苗，控制浇水量，促根深扎。每亩随水追施硼砂1 kg，用热水化开。苗期追施钙硼宝叶面肥，果期同样适用。

（2）番茄定植后注意通风降温。中午放风，控制棚室内温度不能超过35℃；或及时采用遮阳网覆盖，以降低光照强度，避免造成高温危害。

（3）发病后要及时培养出新的结果果穗，注意提高植株抗

图1.22　番茄芽枯病1

图1.23　番茄芽枯病2

图1.24　番茄芽枯病3

图1.25　番茄芽枯病4

病性。芽枯病发生后，要及时去掉一些徒长枝杈，并喷施新高脂膜形成保护膜，防止病菌侵入；同时在适当的位置留一穗生长较好的花序，用它代替失去的果穗，以减少产量损失。必要时用浓度为0.1%~0.2%的硼砂溶液加新高脂膜800倍液对植株进行叶面喷施，每隔7~10天喷施1次，连续喷施2~3次，提高植株抗病能力。

八 番茄脐腐病

【发病症状】

该病病斑发生在果实顶端脐部，即花器残余部位及其附近，故称番茄脐腐病。发病始期，番茄青幼果的顶端脐部首先出现圆形或不规则的水渍状、暗绿色病斑，病斑直径为1~2 cm；病斑逐渐扩大到小半个果实，变为暗褐或黑色，后期脐部患处失水干缩，表面凹陷，果小质差，提前变红，失去商品价值。病部在潮湿条件下，往往被腐生菌侵染，在病斑上产生墨绿色、黑色或粉红色的霉状物（图1.26、图1.27）。

图1.26　番茄脐腐病病果1

图1.27　番茄脐腐病病果2

【发病规律】

番茄脐腐病是由番茄植株缺钙引起的生理性病害。

（1）土壤中可供植株吸收的钙减少。

（2）番茄结果期间土壤干旱缺水影响植株对钙的吸收。

（3）高温环境容易导致缺钙。高温条件下，番茄叶片蒸腾作用大，大量的钙元素都流向叶片，输送到果实的钙元素比较少，引起脐腐病发生。

（4）施肥不当影响钙的吸收。偏施氮肥，植株氮营养过剩，植株生长过旺，使番茄不能从土壤中吸收足够的钙和硼，致使脐部细胞生理紊乱，失去控制水分的能力而引起脐腐病。

（5）营养元素之间的拮抗作用影响钙的吸收。

（6）土壤板结严重、土壤含盐量高、排水不良、地温低等导致根系发育不良或者根系受损，根系不能够正常吸收钙元素，造成脐腐病发生。

【防治方法】

（1）改良土壤结构，为根系生长发育创造良好的条件，提高根系吸收钙元素的能力。

（2）选择保肥水力强、土层深厚的沙壤土种番茄。对土壤过黏或含沙过多的情况，应结合深耕多施有机肥料，如堆肥、绿肥等，改良土壤性状，增强其保肥水能力。

（3）科学浇水，避免土壤忽干忽湿。春、夏季浇水宜在清晨进行，速灌速排，注意做到勤浇、浅浇。

（4）适量地补施硼肥有利于根系对钙的吸收，提高坐果率。一般选用0.1%~0.2%硼砂溶液喷施，间隔7天左右喷施1次，连续喷施2~3次。钙肥和硼肥不能同时使用，可以早上喷施钙肥，晚上喷施硼肥。

（5）合理补充钙肥。番茄坐果后1个月内，是吸收钙的关键时期。幼果期至膨大期，可喷施0.5%氯化钙、0.1%硝酸钙、1%过磷酸钙或者糖醇钙、氨基酸溶液等。为促进钙的转运，喷施钙的同时可施用激素，如0.5%氯化钙液+5 mg/L萘乙酸液，混匀后喷施。从开花期开始，间隔10天左右喷施1次，连续喷施3~4次。

九　番茄筋腐病

【发病症状】

番茄筋腐病也称条腐病或带腐病，是番茄生产中普遍发生的生理病害之一，分为褐变型和白化型两种类型（图1.28、图1.29）。

（1）褐变型：果实内维管束及周围组织褐变。剖开病果，可发现果皮里的维管束呈茶褐色条状坏死、果心变硬或果皮变褐。维管束褐色及壁面褐变的果实含有黑筋，果实阴面黑筋多，黑筋部分伴生有着色不良现象，成熟果也有绿色残存。黑筋组织硬化。

（2）白化型：果皮或果壁硬化、发白。发病重的病果靠近果柄的部位出现绿色突起状，变红的部位稍凹陷，病部有蜡状光泽，剖开病果可发现果肉呈“糠心”状。发病重的果实，果肉维管束全部呈黑褐色，部分果实形成空洞，果面红绿不均匀。

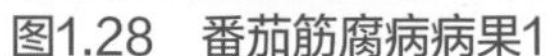

图1.28　番茄筋腐病病果1

图1.29　番茄筋腐病病果2

【发病规律】

（1）与栽培品种有关。不同的番茄品种，其筋腐病发生的程度相差较大。

（2）温度过高过低、弱光照都能导致筋腐病的发生。

（3）棚室中二氧化碳浓度低，导致植株光合作用较弱，造成植株光合作用产物积累较少，易导致筋腐病的发生。

（4）土壤水分过多可加重筋腐病的发生。

（5）氮肥施量过多或氮代谢受阻，导致植株体内氮吸收过剩，易引发筋腐病的发生。

（6）钾元素缺乏影响碳水化合物从叶片到果实的运转及果实内淀粉和糖的转化，导致番茄筋腐病的发生。

（7）采收前15~20天侵染烟草花叶病毒（TMV）能够提高白化型筋腐病的发生率。

【防治方法】

（1）选择无限生长型抗逆性强的厚皮抗病品种。

（2）发病重时可大棚实行轮作换茬，缓和土壤养分的失衡状态。

（3）保护地番茄栽培，要注意改善光照条件，增加保护地覆盖材料的透光率。

（4）定植密度不要过大。

（5）氮、磷、钾肥配合适当，避免偏施氮肥，尤其注意不要过量施用氨态氮肥。多施腐熟有机肥，增施钾肥，改善土壤理化性状，增强土壤通透性及保水、排水能力。

（6）番茄坐果后，每隔15~20天叶面喷施磷酸二氢钾等复合微肥，连续喷施2~3次。增施二氧化碳气肥，最大限度地提高番茄叶片的光合作用。

十　番茄生理性卷叶

【发病症状】

番茄生理性卷叶发生在整个植株的叶片上，主要表现为叶片纵向上卷，叶片呈筒状，卷叶严重时，叶片变厚、发脆。从整株看，卷叶轻重程度差异很大。有的植株仅下部或中下部叶片卷叶，有的整株所有叶片都卷叶（图1.30~图1.32）。

图1.30　番茄生理性卷叶1

【发病规律】

（1）整枝、摘心过重，植株上留的叶片过少，叶片上卷。

（2）土壤中缺少镁、钙、铁、锰等微量元素，叶片上卷。

（3）土壤严重干旱，植株呈现缺水时，下叶卷曲。

（4）氮肥过量特别是硝态氮施用过多叶片卷曲。

【防治方法】

（1）定植后及时中耕松土。提高地温和土壤透气性，促进根系的发育，不要过分蹲苗，适时适量浇水，防止过干过湿。

（2）增施有机肥，合理使用化肥，避免氮肥使用过量。后期植株长势弱时可打顶，促进果实早熟。

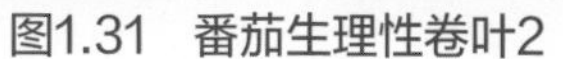
图1.31 番茄生理性卷叶2

图1.32 番茄生理性卷叶3

（3）加强管理，温度不要过高，放风时风量要逐步加大，不要突然开大。卷叶严重时适量灌水，叶面喷施多元复合微肥。

十一　番茄缺氮

【发病症状】

番茄缺氮时，植株生长缓慢呈纺锤形，全株叶色黄绿，早衰。幼苗期缺氮，植株生长缓慢，花芽分化少，茎细叶小，叶片薄而叶色淡；开花结果期缺氮，根系发育不良，易落花落果，下部叶片失绿，并逐步向上发展，严重时叶片黄化脱落，植株早衰，结果期缩短（图1.33）。

图1.33　番茄缺氮

【发病规律】

（1）前茬施有机肥和氮肥少，土壤中氮素含量低时易发生。

（2）露地栽培时，降雨较多，氮素淋溶多时易发生。

（3）沙土或沙壤土易发生缺氮症状。

（4）番茄在旺盛生长期需氮量较大，或地温较低，根系吸收的氮不能满足植株生长需要时易发生。

【防治方法】

（1）增施有机肥，改良土壤，增强土壤的保肥能力，促进根系发育。

（2）配方施肥，补充氮肥的同时要配施磷、钾肥和各种中微量元素肥，可以选用复合肥或番茄专用水溶肥等。

（3）必要时可在叶面上喷施0.2%碳酸氢铵。

十二　番茄缺磷

【发病症状】

幼苗缺磷时，生长受阻，茎细小而呈紫红色，叶片小而硬，叶背呈紫红色，花芽分化受阻，果实小、成熟晚，严重影响后期产量（图1.34、图1.35）。

图1.34　番茄缺磷1

【发病规律】

（1）土壤中磷含量低，磷肥施用量少。

（2）因低温、干旱阻碍了根系的吸收能力，出现缺磷症状。

图1.35　番茄缺磷2

【防治方法】

（1）通过叶面喷施0.2%~0.3%磷酸二氢钾溶液，缓解番茄的缺磷症状。

（2）在冲施水溶性肥料的同时，加强腐殖酸类肥料及生物菌肥的使用，利用有机酸及微生物的解磷作用，将土壤中固态磷转化为有效磷，以提高土壤中有效磷含量，满足番茄对磷元素的需求。

十三 番茄缺钾

【发病症状】

番茄生长初期，缺钾症状先由叶缘开始，叶缘失绿并干枯，严重的叶脉间的叶肉失绿。在果实膨大期，果穗附近的叶片最容易表现缺钾症状，先表现为叶缘失绿，然后干枯，似烧焦状。缺钾植株所结的果实着色不良，如果在缺钾的同时氮素过多还容易出现绿背果（图1.36、图1.37）。

图1.36 番茄缺钾1

图1.37 番茄缺钾2

【发病规律】

（1）土壤中钾含量低，特别是沙土和老龄保护地土壤容易缺钾。有的沙土虽然速效钾含量水平并不低，生育前期并不表现缺钾现象，但由于土壤速效钾储量不足，在需钾量较大的果实膨大期也容易出现缺钾症。

（2）土壤铵态氮积累过多。由于铵离子与钾离子的拮抗作用，影响了番茄根系对钾离子的吸收而使番茄缺钾。这种缺钾现象多发生在一次性追施铵态氮肥料和尿素量较大的情况下，干旱和高温也能使缺钾症状加重。

【防治方法】

（1）注意钾肥的施用，多施有机肥。

（2）在化肥使用上，应保证钾肥的用量不低于氮肥用量的1/2。

（3）改变露地栽培一次性施用钾肥的习惯，提倡分次施用，尤其是在沙土地上。

十四　番茄缺钙

【发病症状】

番茄缺钙初期幼芽变小、黄化，生长点附近的幼叶周围变为褐色，后期叶尖和叶缘枯萎，严重时生长点坏死。果实顶部产生水浸状斑，稍凹陷，颜色逐渐加深，形成脐腐果。植株严重缺钙时根尖腐烂，主根缩短，侧根生长发育受限，花少并易脱落，生殖器官发育不良或导致畸形果。新鲜番茄果实中钙含量较低时，容易引起真菌感染或果实过早成熟（图1.38）。

图1.38　番茄缺钙发生顶腐

【发病规律】

（1）土壤中的有效性钙含量低。

（2）番茄根系吸收钙的能力差。

（3）钙在植株体内的移动性差。

（4）养分的相互拮抗作用。

（5）土壤干旱会使植株内产生大量草酸，与钙形成草酸钙，降低钙的有效性。

（6）番茄开花到结果期间对钙的需求量增加，遇到干旱易引起缺钙的发生。

【防治方法】

（1）合理施肥：除施足腐熟的有机肥作底肥外，每亩用20~25 kg的过磷酸钙或钙镁磷肥作底肥，以防止土壤缺钙。

（2）土壤诊断：若是缺钙，就要及时补充钙肥。采用叶面喷施0.3%~0.5%氯化钙水溶液，每周喷施2~3次。为促进钙的转运，喷施钙肥的同时可配合施用激素，如将0.5%氯化钙液+5 mg/L萘乙酸液混匀后喷施。从开花期开始，每隔7天左右喷施1次，连续喷施2~3次。使用氯化钙及硝酸钙时，不可与含硫的农药及磷酸盐混用，以免产生沉淀。

十五 番茄缺镁

【发病症状】

番茄缺镁主要表现在叶片上，植株中下部老叶开始出现失绿，叶脉间出现模糊的黄化，后向上部叶延伸，形成黄化斑叶。严重时叶片脆性增大或叶缘向上卷，叶脉间出现坏死斑和褐色斑块，最后导致叶片干枯或整个叶片黄化。一般缺镁先从结果期开始出现症状，盛果期症状越来越严重，到最后整个植株叶片干枯死亡（图1.39、图1.40）。

图1.39 番茄缺镁1

图1.40 番茄缺镁2

【发病规律】

（1）低温影响了根系对镁的吸收。

（2）施钾过多影响植株对土壤中镁的吸收时也易发生。

（3）植株对镁需求量大，不能满足植株需求时也会发生。

【防治方法】

（1）合理施肥：根据土壤肥力情况和番茄各生育时期对养分的需求采用配方施肥技术，做到氮、磷、钾和微量元素配比合理，必要时测定土壤中镁的含量，当镁不足时，施用含镁的复合肥料。

（2）叶面施肥：一般选择在番茄开第1朵花的时候进行叶面喷施镁肥，以补充叶片、花、果实对镁元素的需要。

（3）合理追肥：在番茄生长发育期内根据营养需求追施镁肥，改善植株的生长条件。

十六 番茄缺硼

【发病症状】

番茄缺硼时植株变矮，叶片呈黄色或橘红色；临近生长点的叶片细小且颜色变深；主茎上出现缢缩或槽沟现象；根系生长不良，褐色，严重缺硼时导致根系细胞坏死，根系脱落；生殖器官发育不良，出现花小、花弱甚至开花异常，影响授粉受精，果实表面木栓化，龟裂，有时可形成“拉链果”，严重时出现果实坏死（图1.41~图1.44）。

图1.41 番茄缺硼果实表面木栓化

图1.42 番茄缺硼引起空洞果

【发病规律】

（1）土壤酸化，施用过量石灰处理时易引起硼的缺乏。

（2）土壤中有机质少，保水保肥性差，土壤透气性差，根系吸收受到限制；或植株需硼量大，土壤中硼供应不足，引起硼的缺乏。

图1.43　番茄叶片缺硼

图1.44　番茄茎缢缩

（3）土壤干旱，土壤中的有效硼含量降低、硼的流动性减小，导致硼元素吸收利用率降低，引起硼的缺乏。

【防治方法】

（1）改良土壤，增施有机肥，提高土壤疏松程度，促进根系生长，从而提高根系对硼的吸收。酸性土壤改良时要注意石灰的用量，防止石灰施用过量引起缺硼。

（2）合理施肥，加强水分和田间管理，增加土壤中的团粒结构，提高土壤透水性和保水性，防止土壤过干或过湿。

（3）定植前，用混合有机肥加硼肥做底肥。出现缺硼症状后，叶面喷施硼肥800~1 200倍液，每隔3~4天喷施1次，直到缺硼症状消失。

十七 番茄缺铁

【发病症状】

番茄缺铁时，症状从顶部向茎叶发展。顶端叶片失绿后呈黄色，初末梢保持绿色，持续几天后，向侧向扩展，最后致叶片变为浅黄色。新叶除叶脉外都变黄化，在腋芽上也长出叶脉间黄化的叶。叶脉若为深绿则有缺锰的可能性；如为浅色或者叶色发白、褪色则为缺铁（图1.45）。

图1.45 番茄缺铁症状

【发病规律】

（1）中性或偏碱性土壤，铁不易被吸收。

（2）番茄吸收过多的锰和铜，导致铁在体内被氧化，从而丧失活性。

（3）地温过低易发生缺铁。

（4）土壤通气不良或盐渍化，根系受损，影响了根系的吸收能力，使番茄缺铁。

【防治方法】

（1）控制磷肥、锌肥、铜肥、锰肥的用量。通过增施钾肥缓解消除缺铁症。

（2）碱性土壤施用铁肥极易被氧化沉淀而无效。可采用叶面喷施的方法，如叶面喷施0.1%~0.5%硫酸亚铁水溶液或螯合铁溶液。叶面喷施时可配加适量尿素。

（3）改良土壤，降低土壤pH值，提高土壤的供铁能力。当土壤pH值达到6.5~6.7时，禁止使用碱性肥料而改用生理性酸性肥料，当土壤中磷过多时可采用深耕等方法降低其含量。

十八 番茄缺锌

【发病症状】

番茄缺锌时，植株顶部新叶一般不发生黄化，叶片细小，丛生，俗称小叶病。发病时小叶叶脉间轻微失绿。缺锌可造成激素(IAA)含量下降，抑制节间伸长，生长点附近的节间缩短，植株矮化。植株中部叶片叶脉间褪色黄化，叶脉清晰可见。老叶比正常叶小，不失绿，但有不规则的皱缩褐色斑点，尤以叶柄较明显。叶柄向后弯曲呈圆圈状，受害叶片迅速坏死，几天内即可完全枯萎脱落。缺锌症与缺钾症类似，但叶片黄化的先后顺序不同，缺钾是叶缘先呈黄化，逐渐向内发展；而缺锌全叶黄化，逐渐向叶缘发展（图1.46~图1.48）。

图1.46 番茄缺锌1

图1.47 番茄缺锌2

【发病规律】

（1）光照过强易发生缺锌。若吸收磷过多，植株易表现为缺锌症状。

（2）土壤pH值高，土壤中的锌不易被溶解，不能被番茄植株吸收利用，表现为缺锌症状。

图1.48　番茄缺锌3

【防治方法】

（1）不要过量施用磷肥。缺锌地块可以施用硫酸锌，每亩施用1.5 kg。

（2）番茄苗期、花期和采收初期或发现植株缺锌时，用0.1%~0.2%硫酸锌溶液喷施叶面。

十九　番茄缺硫

【发病症状】

番茄缺硫时，叶片脉间黄化，叶色浅绿色变黄绿色，叶向上卷曲，叶片变小，后心叶枯死。中上部叶色浅于下位叶，严重的变为浅黄色；叶柄和茎变红，节间缩短，叶脉间出现紫色斑。植株变细、变硬、变脆，呈浅绿色或黄绿色（图1.49）。

图1.49　番茄缺硫

【发病规律】

在棚室等设施栽培条件下，长期连续施用没有硫酸根的肥料易发生缺硫症状。

【防治方法】

缺硫时，增施硫酸铵、硫酸钾等含硫肥料。在番茄生长期或发现植株缺硫时，用0.01%~0.1%浓度的硫酸钾溶液喷施叶面。

二十　番茄高温障碍

【发病症状】

一般植株中部叶片易受热害。叶片受害后，叶缘或近叶柄处沿叶主脉周围的叶肉失绿、变白，出现似漂白状斑块，后变黄色。轻的仅叶缘呈烧伤状，重的波及半叶或整个叶片，终致永久萎蔫或干枯（图1.50、图1.51）。

图1.50　番茄高温障碍1

图1.51　番茄高温障碍2

【发病规律】

棚栽番茄初花、初果期尚未老健，遇持续高温天气时，如白天阳光照射强，棚温高于35 ℃，持续4小时以上；夜间温度达到20 ℃以上；棚内干燥、湿度小、通风不及时等，可导致叶肉组织细胞缺水过多而死亡、变白。

【防治方法】

（1）遇持续高温天气时，要做好灌水、通风工作，以降低棚内温度。

（2）用遮阳网覆盖棚顶，以减轻阳光直射引起的灼伤。

（3）喷冷水降温。

（4）喷洒0.1%硫酸锌或硫酸铜溶液，提高植株的抗热性，增强抗裂果、抗日灼的能力。

（5）用2,4-D浸花或涂花，防止高温落花和促进子房膨大。

二十一 番茄低温障碍

【发病症状】

番茄幼苗遇到低温，子叶上举，叶背向上反卷，叶缘受冻部位逐渐干枯或个别叶片萎蔫干枯；低温持续时间过长时，叶片暗绿无光，顶芽生长点受冻，根系生长受阻或形成畸形花，造成低温落花或畸形果，果实着色不均匀，影响番茄商品品质。严重时造成番茄茎叶干枯而死（图1.52、图1.53）。

图1.52 番茄低温为害叶片1

图1.53 番茄低温为害叶片2

【发病规律】

番茄在气温13 ℃以下时不能正常坐果，夜温低于15 ℃造成落花落果，夜温低于1 ℃易发生冻害，长时间低于6 ℃植株死亡。

【防治方法】

（1）注意低温锻炼。

（2）选择晴天定植，以利根系恢复生长。

（3）采用地膜覆盖。

（4）必要时，临时加温。

（5）选用耐低温品种。

（6）及时采取挽救措施。根系尚未冻坏，虽可长出侧枝但产量大减，建议改种其他蔬菜。

（7）施用抗寒剂1号，亩用量200 mL。

二十二 亚硝酸气体危害

【发病症状】

当空气中亚硝酸气体浓度达到2 mL/L时，番茄植株就会受害。开始表现为叶片失绿，产生白色斑点或斑块，为害轻者叶脉间和叶尖、叶缘变褐；严重时，叶脉变白、叶片枯死，甚至全株死亡（图1.54、图1.55）。

图1.54 亚硝酸气体毒害植株

【发病规律】

大量施用化肥或牲畜粪肥后，土壤呈强酸性且氨态氮含

图1.55 亚硝酸气体毒害番茄叶片

量大，在氮肥经过有机态→铵态→亚硝酸态→硝酸态的转化过程中，亚硝酸容易发生气化，产生亚硝酸气体，对番茄造成危害。

【防治方法】

（1）加强大棚内的通风换气。

（2）浇大水把肥下压。浇水时，建议随水冲施一些碱性的肥料。

（3）喷施芸薹素、胺鲜酯或者氨基寡糖素等叶面肥。

二十三　番茄盐害

【发病症状】

植株矮小，长势不齐，叶色浓暗，不舒展，白天萎蔫，夜间恢复，严重时叶边缘干枯或变褐色，茎变瘦弱，果实膨大受影响、着色不良（图1.56）。

图1.56　番茄盐害为害叶片

【发病规律】

设施蔬菜施肥量大，化肥的投入量多，导致土壤中肥料残留过多，形成盐害。很多设施大棚内地表发白，就是由于盐分过高引起的，种植浅根系的蔬菜容易发生死苗与不生根的现象。盐浓度高会拮抗钙、硼等中微量元素的吸收，出现缺乏微量元素的症状。

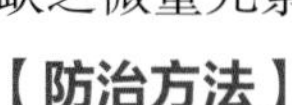

【防治方法】

（1）改善土壤理化性状和生物活性，增强土壤的保温、保肥、保水和透气性能，提高番茄的抗逆性。种植前每亩可撒施泰诺特立克土壤调理剂50~100 kg，旋耕改善土壤性状。

（2）要均衡施肥，增加土壤中微生物菌含量，增施微生物菌肥、有机肥、海藻素等，改良土壤，促进生根，增强植株长势。

（3）科学灌水，小水勤浇，生长期可多次随水冲施青枯立克150~300倍液+地力旺500倍液。

二十四 番茄 2,4-D 药害

【发病症状】

番茄2, 4-D药害可表现在叶片和果实上。叶片药害表现为叶片下弯、僵硬、细长，小叶不能展开，纵向皱缩，叶缘扭曲畸形。似病毒病症状。果实药害表现为果实畸形，最常见的为乳突状果（图1.57、图1.58）。

图1.57 番茄2,4-D药害为害叶片

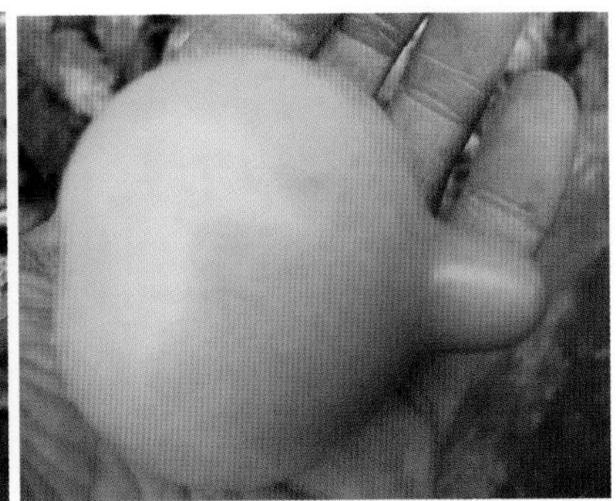
图1.58 番茄2,4-D药害形成的乳突状果

【发病规律】

番茄种植过程中使用2, 4-D浓度过高或用量过大。

【防治方法】

（1）严格控制2, 4-D的使用浓度，随气温增高使用浓度逐渐降低。以日光温室春番茄为例，通常第1花序使用的浓度是20 mg/kg，第2花序为15 mg/kg，第3花序为10 mg/kg。蘸花要做好标记，杜绝重复蘸花，以免浓度过高造成药害。

（2）蘸花时应精心操作，防止2，4-D溅滴到嫩枝或嫩叶上。使用2，4-D时严禁喷洒。田间花数量较大时，可改用防落素25~40 mg/kg喷花。

二十五 除草剂对番茄的危害

【发病症状】

叶片黄化、白化、畸形或皱缩等。一般整个田块植株受害，受害植株呈现明显带状或片状（图1.59）。

图1.59 除草剂为害番茄叶片

【发病规律】

（1）喷雾器残留：喷过除草剂的喷雾器不能用于喷杀虫剂、杀菌剂，即便是反复冲洗，往往也难以除净，很容易产生药害。

（2）漂移：除草剂在喷施的过程中，遇到有风的天气就容易随风漂移而对附近作物造成药害。

（3）土壤残留：除草剂在使用后，对不同种类作物的安全间隔期为4~24个月，多数在1年以上。番茄对除草剂反应较为敏感，如果土壤中有除草剂残留，且间隔时间短就容易产生除草剂药害。

【防治方法】

（1）摘除受害组织或叶片。

（2）加强水肥管理：番茄遭受除草剂药害后，通过追施生物菌剂改善土壤对矿物质元素的有效供给环境，促进受害植株恢复生长，如根部追施蜡状芽孢杆菌、多黏类芽孢杆菌等。

（3）喷施植物生长调节剂：发生除草剂药害之后，先喷施奈安除草安全添加剂，分解除草剂保护植株，次日再喷施碧护来调节加快植株生长。注意二者不要混用。碧护中的芸薹素等成分呈弱碱性，会与奈安除草安全添加剂发生中和反应而减弱药效。

第二部分 侵染性病害

（一）病毒病

一　番茄条斑病毒病

【发病症状】

病株下部叶片症状不明显，上部叶片呈深绿色与浅绿色相间的花叶症状。植株茎秆上、中部初生暗绿色下陷的短条纹，后变为深色，下陷的油浸状坏死条斑逐渐蔓延扩大，条斑连片，上下连接，以致病株逐渐萎黄枯死。切开病果，可见褐色条斑杂乱其中，严重者全部变褐腐烂。有的病株先从叶片开始发病，叶脉坏死或散布黑褐色油浸状坏死斑，后顺叶柄蔓延至茎秆，扩展成坏死条斑。发病早的植株节间缩短且叶片变小（图2.1~图2.3）。

图2.1　番茄条斑病毒病1

【病原】

本病由烟草花叶病毒（TMV）条斑株系与黄瓜花叶病毒（CMV）、马铃薯X病毒（PVX）混合侵染所致。

图2.2 番茄条斑病毒病2

图2.3 番茄条斑病毒病3

【发病规律】

病毒寄主范围广，主要在土壤中的病残体和茄科的多种寄主上越冬，也可在种子上越冬。病毒在田间主要靠摩擦接触传毒，如整枝、打杈、摘心等农事操作，通过人的手和使用的工具传毒。高温、干旱、强光照利于发病。发病后遇上连续阴雨，病害发生加重。土壤贫瘠、板结、黏重，植株缺肥，生长衰弱时易发病。

【防治方法】

1.农业防治

（1）选用抗病品种。

（2）种子消毒：播前先用清水浸泡3~4小时，再用10%磷酸三钠溶液浸种30分钟，洗净后催芽，或用70 ℃高温处理种子。

（3）加强栽培管理：定植地要进行2年以上轮作，结合深翻，促使带毒病残体腐烂；有条件的施用石灰，促使土壤中病残体上的烟草花叶病毒钝化。

（4）防止人为接触传染。

2.药剂防治　发病初期用20%病毒A 500~700倍液，或用1.5%植病灵1 000倍液，进行叶面喷施，每隔7~10天防治1次，连续防治2~3次。

二 番茄花叶病毒病

【发病症状】

（1）花叶：叶片表现出绿色深浅不匀的斑驳，不变小，不畸形，植株不矮化，对产量影响不大。

（2）叶片黄绿：花叶明显凹凸不平，新叶片变小、细长、畸形、扭曲，叶脉变紫，植株矮化，花芽分化能力减退，大量落花落蕾，果小质劣呈花脸状，对产量影响很大，病株比健株减产10%~30%（图2.4、图2.5）。

图2.4 番茄花叶病毒病1

图2.5 番茄花叶病毒病2

【病原】

本病由烟草花叶病毒（TMV）侵染所致。

【发病规律】

病毒在田间杂草、土壤中的病残体及种子表面越冬和存活。通过各种农事操作进行传播蔓延，如分苗、整枝、打杈等接触性传播。适宜发病温度为20~25 ℃。土壤中缺少钙、钾、磷等元素时，易发病。番茄连作，病害会明显加重。

【防治方法】

1.农业防治

（1）选用抗病品种。

（2）与瓜类或禾本科类作物实行3年以上轮作。

（3）育苗前，苗床彻底清除枯枝残叶和杂草；定植前深翻土壤，促使病残体腐烂；对病田里用过的工具、架材要进行消毒处理；采收完后及时清除病残体，在远离菜地、水源的地方烧毁或挖坑深埋。

（4）增施钙、磷、钾肥，适时早播和定植。

（5）打杈、整枝、绑蔓时先健株后病株，接触过病株的手要用肥皂水消毒，防止通过农事操作再次传播。

2.药剂防治

（1）播种前，先用清水浸泡种子3~4小时，再放到10%的磷酸三钠溶液中浸种20~30分钟，捞出后用清水冲洗干净后催芽播种。

（2）苗期进行药剂防治。可以在5~7月用病毒必克800倍液，或植病灵600倍液普防2~3次。发病初期用20%病毒A可湿性粉剂500~600倍液，进行叶面喷雾。每隔10天防治1次，全生长期防治2~4次。

（3）早期及时防治蚜虫，加强肥水管理。每亩用0.5%氨基寡糖素220~250 mL喷雾。

三　番茄蕨叶病毒病

【发病症状】

番茄蕨叶病毒病多在苗期至开花期发生。病株表现为不同程度的矮化，顶部叶片细长，不扩展，筒状卷曲。发生严重时枝叶丛生，呈螺旋状下卷，或叶肉退化，叶片呈纤细扭曲线状。中下部叶片向上卷，节间缩短。病轻时植株黄化矮缩，花冠加厚成巨型花，结果小或畸形。重病株花蕾未开放即坏死，随病害发展，中下部枝叶逐渐坏死焦枯，拔起病株没有新根，根部坏死（图2.6、图2.7）。

图2.6　番茄蕨叶病毒病1

【病原】

本病由黄瓜花叶病毒（CMV）侵染所致。

【发病规律】

病毒主要在多年生宿根植物或杂草上越冬，成为田间传播的最初毒源。蚜虫传毒是主要途径，摩擦传毒是次要途径，种子以及土壤中的病残体不能传播病毒。夏季和秋季高温干旱，有利于蚜虫繁殖和迁飞传毒，易发病，病株率可达50%以上，甚至造成毁种绝收。管理粗放，田间杂草丛生，靠近老根菠菜和十字花科蔬菜采种田等毒源或蚜源作物时，发病较重。

图2.7 番茄蕨叶病毒病2

【防治方法】

1.农业防治

（1）清理前茬作物：对棚室进行彻底消毒，采用喷药、熏蒸方法，杀死病原、害虫及蚜虫、白粉虱，以减少菌源。

（2）种子消毒：播种前，先将番茄种子放入清水中浸泡3~4小时，再放入10%磷酸三钠溶液中浸种30分钟，然后用清水冲洗干净，再催芽播种。也可将种子放入55~60℃的温水中浸泡15分钟。

（3）发现少量病株应及时拔除，带出田外处理。在绑蔓、整枝、蘸花和摘果时，都应尽量先处理健壮株，后处理发病株。接触过病株的手和工具要及时用肥皂水或磷酸三钠水冲洗、消毒。

（4）番茄定植后，利用蚜虫的趋黄性，在涂成橘黄色的木板上涂上机油或悬挂黄板，诱杀蚜虫、白粉虱，减少病毒的传播。在通风口处用尼龙纱网罩住，防虫飞入。

2.药剂防治　发病初期，用20%毒克星500~600倍液进行叶面喷雾，每隔10天喷施1次，全生长期喷施2~4次。从定植开始，隔10~15天喷施50%的抗蚜威可湿性粉剂3 000~3 500倍液，或20%啶虫脒乳油2 000倍液，或10%吡虫啉可湿性粉剂1 500倍液，防治蚜虫和粉虱等。

四 番茄黄化曲叶病毒病

【发病症状】

植株矮化萎缩，生长迟缓或停滞，节间变短，叶肉变厚，顶部叶片黄化变小；叶片边缘呈鲜黄色或干缩，向下卷曲，叶脉和中脉附近叶色深绿光亮，开花延迟，花朵减少一半以上；坐果减少，果实变小，膨大速度变慢，成熟期的果实不能正常转色。果肉发硬，

图2.8 番茄黄化曲叶病毒病1

图2.9 番茄黄化曲叶病毒病2

图2.10 番茄黄化曲叶病毒病3

水分少，味道酸，果面转色不均匀，基本失去商品价值（图2.8~图2.11）。

图2.11　番茄黄化曲叶病毒病4

【病原】

本病由番茄黄化曲叶病毒（TYLV）侵染所致。

【发病规律】

（1）秋季播种过早，棚内长期高温，土壤干旱，翌年春天气温回升早，有利于烟粉虱等害虫越冬和繁殖，发病严重。

（2）氮肥施用过多，植株徒长，播种过密，株行间郁闭，有利于烟粉虱传毒。

（3）B型烟粉虱虫口数量增长快且传毒能力强，导致发病较重。

（4）多年重茬、肥力不足、耕作粗放、杂草丛生的田块较容易发病。

【防治方法】

1.农业防治

（1）选用抗病或耐病优良品种。

（2）隔离育苗，培育无病虫壮苗。育苗之前，要彻底清除苗床及周围病虫杂草，以及植株的残枝落叶。

（3）田间管理。在移栽前7~10天，清理定植大棚内外的残枝落叶和杂草，移栽前3天喷施10%吡虫啉2 000倍液预防烟粉虱；或在大棚内悬挂黄色粘虫色板进行监测和诱杀成虫。发现植株枝叶有烟粉虱若虫、蛹时，可结合整枝及时摘除有虫叶片，并清除有感病症状的植株。定植后加强肥水管理，增强植株抗病能力。

2.药剂防治

（1）根据黄色粘虫板监测，交替使用高效低毒农药进行化学防治，防止烟粉虱害虫种群大发生。可选用的农药有25%扑虱灵可湿性粉剂1 500倍液、10%吡虫啉可湿性粉剂2 000倍液、20%啶虫脒3 000倍液、10%烯啶虫胺水剂3 000倍液、1.8%阿维菌素乳油1 500倍液、25%阿克泰可湿性粉剂5 000倍液等。

（2）在发病初期（5~6叶期）开始喷药，可用3.85%病毒必克500倍液，或1.5%植病灵800倍液，或20%病毒A 500倍液，或2%菌克毒克水乳剂250倍液，或5%菌毒清水剂400倍液，或高锰酸钾1 000倍液，每隔7天喷雾防治1次，连续防治2~3次。

五　番茄褪绿病毒病

【发病症状】

苗期染病，叶片、叶脉间局部表现褪绿斑点，症状不明显，较难辨认。定植后若条件适宜，即能表现发病症状。首先，中部叶片叶脉间轻微褪绿黄化，底部叶片出现明显的叶片褪绿黄化，叶脉深绿，感病叶片变脆且易折，叶片黄化疑似营养缺素症。进入结果期后，感病植株叶片表现明显的脉间褪绿黄化，边缘轻微上卷，且局部出现红褐色坏死小斑点（图2.12、图2.13）。

图2.12　番茄褪绿病毒病1

【病原】

本病由番茄褪绿病毒（ToCV）侵染所致。

【发病规律】

该病主要由烟粉虱传播，高温、干燥、强光照发病较重。越冬和早春栽培，4~5月是番茄褪绿病毒发生的高峰期；秋延迟栽培，8~9月是番茄褪绿病毒发生的高峰期。高温干旱有利于粉虱的迁飞和传播，番茄褪绿病毒的发生也相应加重。

【防治方法】

1.农业防治

（1）合理选择抗病毒品种。在没有抗病毒品种的条件下，最好选用耐热、叶色较深、叶片较厚的番茄品种。

图2.13 番茄褪绿病毒病2

（2）培育无毒苗。选择远离粉虱的地点集中育苗，育苗棚选用60~80目防虫网覆盖，闭严出入口，苗床上方悬挂黄色粘虫板诱杀和监控粉虱成虫，确保培育无毒苗。

（3）切断传播途径。定植前，全面清理温室环境，高温药剂闷棚，确保没有白粉虱、烟粉虱寄宿。同时要及时清除棚四周的杂草，切断病毒病传播途径。

（4）调整定植时间。定植时间应尽量避开粉虱的活动高峰期。可根据各地具体情况适当提前春茬番茄和秋延迟番茄茬口的定植时间，避开烟粉虱和白粉虱大发生期。

（5）培育壮苗，增强植株抗病性。防止带虫种苗移入棚室。定植后加强肥水管理，促进番茄植株健壮生长，提高抗病能力，注意通风换气，避免棚内高温。发现病株立即拔除。

2.化学防治

（1）种苗移栽前3天喷施10%吡虫啉可湿性粉剂2 000倍液预

防粉虱传播。

（2）定植后如发现粉虱零星发生，可选用25%噻嗪酮可湿性粉剂1 500倍液，或10%吡虫啉可湿性粉剂2 000倍液，或25%噻虫嗪水分散粒剂2 500倍液，或1.8%阿维菌素乳油1 500倍液防治。每隔5~7天喷雾防治1次，交替用药。

六 番茄斑萎病毒病

【发病症状】

整株系统性侵染。苗期染病，幼叶变为铜色上卷，后形成许多小黑斑，叶背面沿脉呈紫色，有的生长点坏死，茎端形成褐色坏死条斑，坐果后染病，果实上出现褪绿环斑，绿果略凸起，轮纹不明显，青果上产生褐色坏死斑，呈瘤状凸起，果实易脱落。发病初期的病果，可以看到清晰的圆纹，这是典型症状。成熟果实染病轮纹明显，红黄或红白相间，褪绿斑在全色期明显，严重的全果僵缩，脐部症状与脐腐病相似，但该病果实表皮变褐坏死，有别于脐腐病（图2.14、图2.15）。

图2.14 番茄斑萎病毒病果1

图2.15 番茄斑萎病毒病果2

【病原】

本病由番茄斑萎病毒（TSWV）侵染所致。

【发病规律】

病毒可在多种植物上越冬，也可附着在番茄种子上、土壤中的病残体上越冬，通过植物寄主间自然传播，蓟马是斑萎病毒的传播介体。该病主要通过汁液接触传染，只要寄主有伤口，即可侵入。高温干旱，田间管理差，农事操作中病株和健株相互摩擦，可引发番茄斑萎病毒病。

【防治方法】

1.农业防治

（1）选用抗病品种：可试用抗烟草花叶病毒的品种。

（2）培育健壮苗：播种前先给种子消毒再进行常规浸种和催芽。

（3）与非茄科作物轮作3年以上。

（4）番茄苗期和定植后要注意防治昆虫、蓟马、蚜虫和白粉虱，高温干旱年份要注意及时喷药治蚜。

2.药剂防治　发病初期用5%菌毒清水剂400倍液，或7.5%克毒灵水剂600~800倍液，或0.5%抗毒剂1号（菇类蛋白多糖）水剂300倍液，或20%毒克星可湿性粉剂400~500倍液，或3.95%病毒必克可湿性粉剂700倍液，每隔7~10天喷雾防治1次，连续防治3~5次。采收前7天停止用药。

番茄细菌性斑疹病又称番茄细菌性叶斑病、黑秆病。

（二）细菌性病害

一 番茄青枯病

【发病症状】

发病初期，病株白天萎蔫，傍晚复原，病叶变浅绿；病茎表皮粗糙，茎中下部增生不定根或不定芽；湿度大时，病茎上可见初为水浸状，后变为褐色的1~2 cm见方的斑块，茎维管束变褐。横切病茎，用手挤压或经保湿，切面上维管束溢出白色菌脓（图2.16、图2.17）。

图2.16 番茄青枯病

【病原】

该病病原为青枯假单孢杆菌，属细菌。

【发病规律】

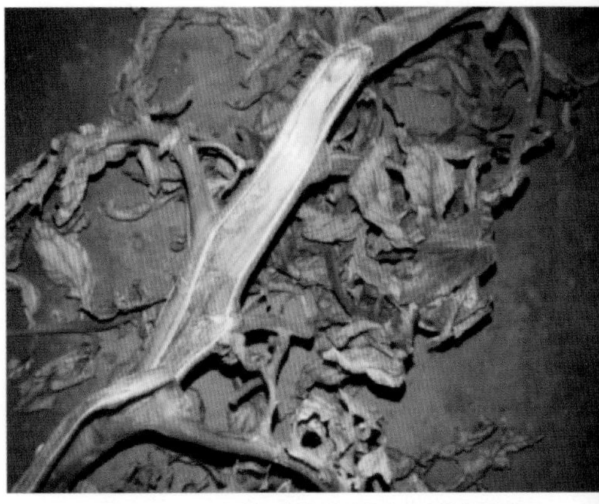

图2.17　番茄感染青枯病后茎部剖面

病菌可随病残体在土壤中越冬，无寄生时可在土壤中存活1~6年，属弱寄生菌，4月中旬开始发病，5月至7月上旬为盛发流行期。随雨水、灌水、农具和农事操作传播。病菌由根系或茎基部伤口侵入植物体内，在维管束内繁殖，并顺导管液流上升扩散，破坏或阻塞导管，引起番茄缺水，发生萎蔫。高温高湿易诱发青枯病。此外，在幼苗不壮、多年连作、中耕伤根、低洼积水，或控水过重、干湿不均等条件下，均可加重病害发生。

【防治方法】

1.农业防治

（1）选用抗病品种。

（2）轮作与嫁接：对发病较重的田块可与葱、蒜及十字花科蔬菜实行4~5年轮作，或采用嫁接技术控制病害发生。

（3）配方施肥：氮、磷、钾配方施肥，施足底肥，勤追肥，增施有机肥及微肥，不使用番茄、辣椒等茄科植物沤制的肥料。

（4）调节土壤酸碱度：对酸性土壤每亩可用100~150 kg生石灰均匀撒入土壤，抑制细菌的生长繁殖。

（5）高畦种植，开好排水沟，雨后能及时将雨水排干。及时中耕除草，降低田间湿度。

（6）及时拔除病株，将其深埋或烧毁，病穴用生石灰或草木灰消毒。

2.药剂防治 青枯病发病初期，晴天选用72%农用硫酸链霉素3 000倍液，或新植霉素4 000倍液，或77%可杀得可湿性粉剂600倍液，或农抗401杀菌剂500倍液，每隔5~10天灌根1次，共灌根3~5次，苗期每次每株灌药液0.5L，成株期每次每株灌药液1L，防治效果较好。

二　番茄细菌性斑疹病

【发病症状】

该病可为害叶、茎、花、叶柄和果实等多个部位。叶片染病，产生深褐色至黑色斑点，四周常具黄色晕圈。叶柄和茎染病，产生黑色圆形斑点，水渍状。发病后期，小病斑逐步扩大连片，呈边缘不明显的大块黑斑，上有白色菌脓。幼嫩绿果染病，为深褐色小圆点，散生在果面上，稍高于果皮，但中心不凹陷。果实变红时，果面上的小绿点也不转红。果实近成熟时，围绕斑点的组织仍保持较长时间绿色，别于其他细菌斑点病（图2.18~图2.20）。

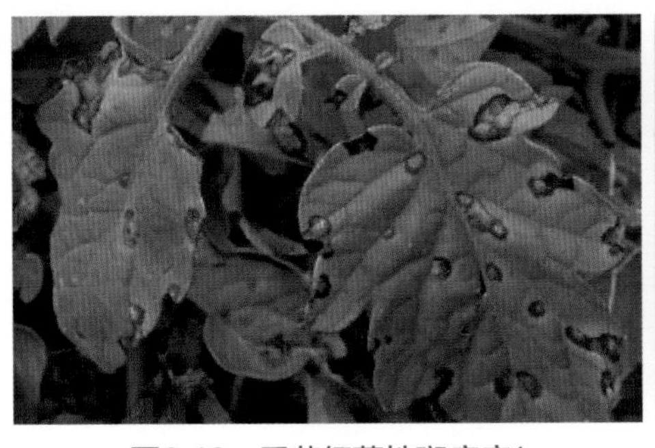

图2.18　番茄细菌性斑疹病1

图2.19　番茄细菌性斑疹病2

【病原】

该病病毒为假单胞杆菌，属细菌。

【发病规律】

病菌在种子上、病残体及土壤里越冬，喜温暖潮湿的环境，适宜发病的温度为18~28℃，主要发病盛期在春季3~5月。播种带菌种子，幼苗即可染病。病苗定植后开始传入大田，并通过雨水飞溅或整枝、打杈、采收等农事操作进行传播或再侵染。潮湿、冷凉条件和低温多雨及喷灌有利于病害的发生。

图2.20 番茄细菌性斑疹病3

【防治方法】

1.农业防治

（1）加强检疫，防止带菌种子传入非疫区。

（2）建立无病种子田，采用无病种苗。

（3）与非茄科蔬菜实行3年以上的轮作。

（4）种子处理：用55℃温水浸种30分钟，或用0.6%醋酸溶液浸种24小时，浸种后用清水冲洗掉药液，稍晾干后再催芽。

2.药剂防治 在发病初期，选用77%氢氧化铜可湿性粉剂400~500倍液，或53.8%氢氧化铜水分散粒剂600倍液，每隔10天左右喷雾防治1次，连续防治3~4次。

三　番茄细菌性髓部坏死

【发病症状】

该病主要为害茎和分枝，叶片、果实也会受害，多在番茄的青果期发生。发病初期植株上中部叶片失水萎蔫，部分复叶的少数小叶片边缘褪绿，下部病茎变硬。茎表面发生黑色或褐色坏死斑。茎部长出不定根，在不定根附近出现黑褐色斑块，病斑长度在5~10 cm，表皮质硬。纵剖病茎，可见番茄植株髓部发生病变，病变部分超过茎外表变褐的长度，呈褐色至黑褐色；茎外表褐变处的髓部坏死，干缩中空，并逐渐向上向下延伸，当下部茎被感染时，常造成全株枯死。湿度大时，从病茎伤口、叶柄脱落处、不定根溢出黄褐色菌脓，可与番茄的溃疡病相区别（图2.21、图2.22）。

图2.21　番茄细菌性髓部坏死1

图2.22　番茄细菌性髓部坏死2

【病原】

该病病原为皱纹假单胞菌，属细菌。

【发病规律】

病菌主要从整枝伤口侵入发病，并通过雨水、农事操作等传播蔓延。夜温低是细菌繁殖的有利条件，病原菌在4 ℃时繁殖速度最快，在夜温低及高湿条件下容易发病。连作、排水不良、氮肥过量的田块发病较重。阴雨天整枝、打杈等农事操作不当会造成茎秆表皮层受伤，细菌从伤口处侵入，引发髓部坏死。

【防治方法】

1.农业防治

（1）实行轮作：可与非茄科蔬菜轮作2~3年，或采用基质栽培，从根本上解决连作障碍。

（2）合理施肥：充分施用腐熟的有机肥料，不偏施或过量施用氮肥，增施磷、钾肥，提高植株的抗病能力。也可采用配方施肥，结合施用生物菌肥，增加土壤中有益微生物菌群数量，以改善土壤微环境。

（3）合理栽培：采用高垄覆盖栽培，避免阴雨天浇水，雨后及时排除田间积水。有条件的采用滴灌灌溉，降低棚室内湿度，控制病害发生。

（4）不要在阴雨天整枝打杈，防止病菌从伤口侵入。

（5）当田间出现病株后，应及时拔除，并带出田外深埋或烧毁，病穴可用石灰彻底消毒灭菌。

（6）控制棚室温度，保持棚室内夜温不低于10 ℃。

2.药剂防治　选用72%农用硫酸链霉素可溶性粉剂3 000~4 000倍液，或77%氢氧化铜可湿性粉剂500倍液，或50%琥胶肥酸铜可湿性粉剂500倍液，或14%络氨铜水剂300倍液，每隔10天喷雾防治1次，连续防治2~3次。也可每亩用20%乙酸铜可湿性粉剂2~2.8 kg+25%甲霜·霜霉威可湿性粉剂500~700 g，随水冲施。

四　番茄疮痂病

【发病症状】

该病主要为害番茄叶片及果实。近地面老叶先发病，逐渐向上部叶片发展。发病初期在叶背面形成水渍状暗绿色小斑，逐渐扩展成圆形或连接成不规则形黄色病斑。病斑表面粗糙不平，周围有黄色晕圈，后期叶片干枯质脆。茎部感病先在茎沟处出现褪色水渍状小斑点，扩展后形成长椭圆形黑褐色病斑，裂开后呈疮痂状。该病主要为害着色前的幼果和青果，果面先出现褪色斑点，后扩大呈现黄褐色或黑褐色近圆形粗糙枯死斑，直径0.2~0.5 cm，有的病斑可互相连接成不规则大型病斑（图2.23、图2.24）。

图2.23　番茄疮痂病病果

图2.24　番茄疮痂病病叶

【病原】

该病病原为野油菜单胞菌疮痂致病变种型，属细菌。

【发病规律】

高温、高湿是发病的主要条件。发病的适宜温度为

27~30℃，多发生在秋延迟或早春保护地番茄上。病菌主要在病残体或在种子表面越冬，第二年借风雨、昆虫传播到叶、茎或果实上，从伤口或气孔侵入为害。高温、高湿、阴雨天发病重，管理粗放、虫害重或暴风雨造成伤口多时利于发病。与茄果类蔬菜如辣椒、茄子等轮作的地块发病较重。

【防治方法】

1.农业防治

（1）加强栽培管理。适时整枝、打杈，及时清除病残体。

（2）雨季加强排水，降低田间湿度，保持田间通风透光。

（3）建立无病种子田，确保种子不带菌。

2.药剂防治

（1）种子播种前用1%次氯酸钠溶液+云大120芸薹素内酯500倍液，浸种20~30分钟，再用清水冲洗干净后催芽播种。

（2）初发病时用77%多宁可湿性粉剂600倍液，或70%可杀得可湿性粉剂800倍液，或新植霉素4 000倍液，或50%琥胶肥酸铜可湿性粉剂500倍液，每隔7~10天喷雾防治1次，连续防治3次。

五　番茄软腐病

【发病症状】

该病主要为害茎和果实。茎发病多出现在生长期，近地面茎部先出现水渍状污绿色斑块，继扩大成圆形或不规则形褐斑，病斑周围显浅色窄晕环，病部微隆起。该病导致髓部腐烂，终致茎枝干缩中空，病茎枝上端的叶片变色、萎垂。果实感病主要在成熟期，初期病斑为圆形褪绿小白点，继变为污褐色斑。随果实着色，成熟度增加及细菌繁殖为害，果皮病斑渐扩展到全果，但外皮仍保持完整，内部果肉腐烂水溶，恶臭，被裹于皮囊中，故称囊腐（图2.25、图2.26）。

图2.25　番茄软腐病病果1

【病原】

该病病原为胡萝卜软腐欧氏杆菌胡萝卜软腐致病型，属细菌。

【发病规律】

病菌随其他寄主或病残体在大田及土地中越冬。病菌借雨水、灌溉水及昆虫传播，由伤口侵入。病菌生长发育最适温度

25~30℃，发病需95%以上相对湿度。潮湿、阴雨天气或露水未干整枝、打杈时发病较重。温室和塑料大棚中如施用未腐熟的堆肥过多，植株生长过旺，湿度大常诱发此病。伤口多时（如棉铃虫为害）发病重。

图2.26　番茄软腐病病果2

【防治方法】

1.农业防治

（1）早整枝、打杈，避免阴雨天或露水未干之前整枝。

（2）及时防治蛀果害虫，减少虫伤。

2.药剂防治　发病后喷施25%络氨铜水剂500倍液，或72%农用硫酸链霉素可溶性粉剂4 000倍液，或77%可杀得可湿性微粒粉剂500倍液，喷雾防治。

六 番茄溃疡病

【发病症状】

番茄幼苗至结果期均可发生。叶、茎、花、果均可染病。

（1）幼苗期：多从植株下部叶片的叶缘开始，病叶发生向上纵卷，由下部向上逐渐萎蔫下垂，似缺水状，病叶边缘及叶脉间变黄，叶片变褐色枯死。

（2）成株期：病菌由茎部侵入，从韧皮部向髓部扩展。发病初期，茎下部凋萎或纵卷缩。似缺水状，一侧或部分小叶凋萎，茎内部变褐色，病斑向上下扩展，长度可达一至数节，后期产生长短不一的空腔，最后下陷或开裂，茎略变粗，生出许多不定根。多雨季节或湿度较大时，病茎或叶柄病部常溢出菌脓，菌脓附在病部上面，形成白色污状物，后茎内变褐色而中穿，全株枯死，枯死株上部的顶叶呈青枯状。果柄受害多由茎部病菌扩展而致，韧皮部及髓部呈现褐色腐烂，可一直延伸到果内，致幼果滞育、皱缩、畸形，使种子发育不正常并带菌。有时病菌从萼片表面局部侵染，产生坏死斑，病斑扩展到果面。潮湿时病果表面产生圆形“鸟眼斑”，周围白色略隆起，中央为褐色木栓化突起，单个病斑直径3 cm左右。有时许多“鸟眼斑”聚在一起形成形状不规则的病区（图2.27、图2.28）。

【病原】

该病原为密执安棒杆菌番茄溃疡病致病型，属细菌。

图2.27 番茄溃疡病病果

图2.28 番茄溃疡病病叶

【发病规律】

病原在种子内、外及病残体上越冬，在病残体上存活达3年左右，借助带菌种子、农事操作、灌水或施用带有病残体的未腐熟的有机肥传播。当潜伏感染的幼苗在成株期发病或病原菌通过机械伤口直接侵入维管束时，植株则会逐渐萎蔫、枯萎。夏季雨水多，温室湿度大，病害发生严重。

【防治方法】

1.农业防治

（1）严格检疫和隔离。在种子、种苗、果实调运时，要严格检疫，严格划分疫区。发现带菌种子，病苗和病果进入无病区，须立即采取安全措施，防止病原扩散。

（2）建立无病留种地和对种子进行严格消毒灭菌。

（3）使用新苗床或采用营养钵育苗。对旧苗床，使用前必须消毒，可用40%福尔马林30 mL加水3~4 L，喷淋消毒灭菌，喷后用塑料薄膜盖5小时，揭膜后过15天再播种。

（4）实行轮作，加强田间管理。与非茄科作物实行3年以上轮作，同时加强田间管理，一旦发现番茄溃疡病病株，要立即清除病株及病残体。整枝、打杈时，应在晴天上午无露水时进行。

2.药剂防治 发病初期用20%噻菌铜500倍液，或14%络氨铜水剂300倍液，或23%络氨铜水剂500倍液，或50%琥胶肥酸铜500倍液，或47%加瑞农500倍液，或1∶1∶200波尔多液，或20%细菌净可湿性粉剂400~600倍液，或72%农用硫酸链霉素3 000~4 000倍液，或21%克菌星500倍液，或新植霉素500倍液，喷雾防治。

（三）真菌性病害

一　番茄立枯病

【发病症状】

该病发病后，病苗茎基变褐，后病部缢缩变细，茎叶萎垂枯死；稍大幼苗白天萎蔫，夜间恢复，当病斑绕茎一周时，幼苗逐渐枯死，但不呈猝倒状。病部初生椭圆形暗褐色斑，具同心轮纹及淡褐色蛛丝状霉，但有时并不明显，菌丝能结成大小不等的褐色菌核，是本病与猝倒病（病部产生白色絮状物）区别的重要特征（图2.29、图2.30）。

图2.29　番茄立枯病病茎1

图2.30　番茄立枯病病茎2

【病原】

该病病原为立枯丝核菌，属半知菌亚门真菌。

【发病规律】

立枯丝核菌不产生孢子，主要以菌丝体传播繁殖。病菌以菌丝体或菌核在土中越冬，菌丝能直接侵入寄主，通过水流、农具、带菌堆肥等传播。病菌喜高温、高湿环境，发病最适温度20℃左右。番茄幼苗期感病。土壤水分多、施用未腐熟的有机肥、播种过密、幼苗生长衰弱、土壤酸性等的田块发病重。育苗期间阴雨天气多的年份发病较重。

【防治方法】

1.农业防治

（1）种子处理。

（2）苗床或育苗盘药土处理：用40%拌种双粉剂，或40%五氯硝基苯与福美双1∶1混合，每平方米苗床施药8 g，加细土4.5 kg，播前一次浇透底水，待水渗下后，取1/3药土撒在畦面上，把催好芽的种子播上，再把余下的2/3药土覆盖在上面，即下垫上覆使种子夹在药土中间，防病效果可达90%以上，残效期1个月以上。

（3）番茄定植后注意提高地温：科学放风，防治番茄苗期出现高温高湿情况。适时喷施新高脂膜粉剂，降低地上水分蒸发，隔绝病虫害，缩短缓苗期。

（4）加强田间管理：在番茄生长过程中及时中耕除草，平衡水肥，追肥要控制氮肥的施用量，增施磷、钾肥。苗期喷洒0.1%~0.2%磷酸二氢钾，增强植株抵抗力。

2.药剂防治　发病初期可喷施20%甲基立枯磷乳油1 200倍液，或36%甲基硫菌灵悬浮剂500倍液，每隔7~10天喷雾防治1次，连续防治2次。

二　番茄疫霉根腐病

【发病症状】

发病初期，茎基部或根部产生褐斑，逐渐扩大后凹陷，严重时病斑绕茎基部或根部一周，地上部逐渐枯萎。纵剖茎基部或根部，导管变为深褐色，后根茎腐烂，不长新根，植株枯萎而死。此病在结果期可导致绵疫病的发生（图2.31、图2.32）。

图2.31　番茄疫霉根腐病病根1

【病原】

该病病原为寄生疫霉和辣椒疫霉，属鞭毛菌亚门真菌。

【发病规律】

病菌卵孢子或厚垣孢子在植株残体上越冬，借助灌溉或雨水传播蔓延。高温、高湿或低温、低湿都有利于此病发生。定植后地温低，土壤湿度过大，且持续时间长，或棚室番茄遇连阴天气未能及时放风，尤其是大水漫灌后未及时放风形成高温、高湿环境，都会导致该病的发生和流行。

【防治方法】

1.农业防治

（1）与非茄科蔬菜实行3年以上轮作，建大棚选地势高、排水良好的沙壤地。

（2）起垄盖膜种植，避免病菌通过大棚浇水反溅到植株下部叶片或果实上。

（3）合理密植，科学施肥。注意通风排湿，及时摘除底叶、老叶，整枝、打杈。病叶、病果、病残体应立即携出棚外深埋。

图2.32 番茄疫霉根腐病病根2

2.药剂防治

（1）发病初期选用58%甲霜灵锰锌可湿性粉剂500倍液，或72.2%普力克（霜霉威盐酸盐）水剂600倍液，或64%杀毒矾可湿性粉剂500倍液，或14%络氨铜水剂300倍液，或60%霜疫克可湿性粉剂500~800倍液，每隔7~10天喷雾防治 1 次，连续防治2~3次。

（2）成株期发病施用72%克露可湿性粉剂400倍液灌根，或用40%根腐灵可湿性粉剂400倍液滴注灌根，穴灌量200~250 mL，每隔7~10天灌根1次，连续灌根2~3次。

三　番茄早疫病

【发病症状】

该病病菌侵害叶、茎、果实部位，叶片和茎叶分枝处最易发病。苗期生病，幼苗的茎基部生暗褐色病斑，稍凹陷有轮纹。成株期叶片发病初呈水浸状暗绿色病斑，扩大后呈圆形或不规则形的轮纹斑，边缘多具浅绿色或黄色晕环，中部呈同心轮纹，潮湿时病斑上长出黑色霉层。病叶一般由植株下部向上发展，严重时叶片脱落。茎部病斑多着生在分枝处及叶柄基部，呈褐色至深褐色不规则圆形或椭圆形病斑，凹陷，有时龟裂，严重时造成断枝。青果染病，始于花萼附近，初为椭圆形或不规则形褐色或黑色斑，凹陷，后期果实开裂，病部较硬，密生黑色霉层（图2.33~图2.36）。

图2.33　番茄早疫病茎秆

图2.34　番茄早疫病叶片

图2.35 番茄早疫病果实

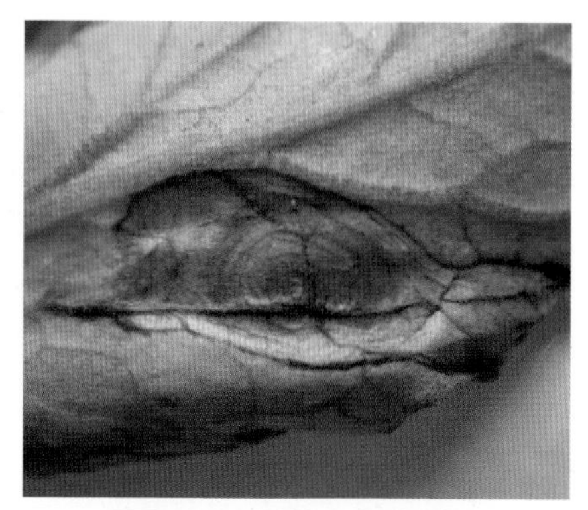
图2.36 番茄早疫病叶背

【病原】

该病病原为茄链格孢菌，属半知菌亚门真菌。

【发病规律】

番茄全生长期都可发病。病菌在病残体和种子上越冬。生长适温26~28℃，病菌通过气流、灌溉水及农事操作进行传播，从气孔、伤口表皮直接侵入发病。高温高湿条件下发病重。

【防治方法】

1.农业防治

（1）选择抗病品种，轮作换茬，合理密植。

（2）调整好棚室内温湿度，早春番茄定植初期，防止棚室内湿度过大、温度过高。

（3）施足充分腐熟的有机肥，灌水追肥要及时。

2.药剂防治

（1）连阴雨天粉尘施药：发病初期喷撒5%百菌清粉尘剂，每亩喷撒1 kg，每隔7~10天防治1次，连续防治3次；或用45%百菌清烟剂，每亩250 g，闭棚点燃熏闷一夜，每隔10天再熏闷1次，或与其他药剂交替使用。

（2）喷雾施药：可选用50%农利灵可湿性粉剂1 000倍液，或58%锰锌·甲霜灵可湿性粉剂，或64%杀毒矾可湿性粉剂500倍液，喷雾防治。

四 番茄晚疫病

【发病症状】

（1）幼苗期：叶片上出现水浸状暗绿色至褐色不规则形病斑，并向茎部蔓延，在接近叶柄处变成黑褐色，使幼茎腐烂、造成幼苗倒伏而死。湿度大时，病斑上长出白霉。

（2）成株期叶片：多从植株下部叶片的叶尖或叶缘开始发病，初出现水浸状暗绿色不规则形病斑，后病斑扩大变成褐色。湿度大时，叶背面可见白霉；干燥时，病部呈青白色，干枯易碎。

（3）茎秆：病茎上出现水浸状暗褐色不规则形略有凹陷的病斑。病重时，病斑呈黑褐色腐败状，造成植株萎蔫或从腐败处折断。

（4）青果：果面上出现水浸状灰绿色硬斑，后变为暗褐色或棕褐色，呈云纹状，边缘明显，生有少量白霉，一般不软腐（图2.37~图2.44）。

图2.37 番茄晚疫病茎部感病1

图2.38 番茄晚疫病茎部感病2

图2.39　番茄晚疫病叶片感病1

图2.40　番茄晚疫病叶片感病2

图2.41　番茄晚疫病叶片感病3

图2.42　番茄晚疫病病果1

图2.43　番茄晚疫病病果2

图2.44　番茄晚疫病整株感病

【病原】

该病病原为疫霉菌，属鞭毛菌亚门真菌。

【发病规律】

病菌在冬季栽培的番茄或土中的病残体上越冬，条件适宜时病菌产生孢子囊，孢子囊产生、释放游动孢子，从植株的气孔或表皮直接侵入，借气流或灌溉水传播，进行多次重复侵染，引发该病发生流行。

该病发生对空气湿度要求高，一般要达到75%以上。对温度要求较低，一般7~25℃都能发生，发病最适温度是18~22℃。尤其在阴天多雨、雨量大、湿度高、气温偏低的时候，发病早且病害重。

【防治方法】

（1）发病初期用58%锰锌·甲霜灵可湿性粉剂600倍液，或72.2%普力克水剂800倍液，或64%杀毒矾可湿性粉剂500倍液，或25%甲霜灵可湿性粉剂1 000倍液，或80%乙膦铝粉剂500~600倍液，或72%霜脲锰锌（杜邦克露）可湿性粉剂800倍液，或69%烯酰·锰锌可湿性粉剂1 000倍液，每隔7~10天喷雾防治1次，连续防治3~4次。叶背、茎秆、青果等处均要喷到，植株中下部位是重点喷药区。

（2）灌根：可用50%甲霜·铜可湿性粉剂600倍液，或60%琥铜·乙膦铝可湿性粉剂400倍液灌根，每株每次灌药300 mL，每隔10天灌根1次，连续灌根3次。注意每种农药的安全间隔期，轮换用药，以减缓病菌产生耐药性。

五　番茄叶霉病

【发病症状】

该病主要为害叶片。叶片受害时，叶背面出现不规则斑块，以及椭圆形淡黄色或淡绿色的褪绿斑，初生白色霉层，后变成灰褐色或黑褐色绒状霉层。叶片正面淡黄色，边缘不明显，严重时病叶干枯卷曲而死亡。病株下部叶片先发病，逐渐向上部叶片蔓延。严重时可引起全株叶片卷曲。果实染病，从蒂部向四周扩展，果面形成黑色不规则斑块，硬化凹陷（图2.45~图2.47）。

图2.45　番茄叶霉病植株

图2.46　番茄叶霉病叶片正面

图2.47　番茄叶霉病叶片背面

【病原】

该病病原为黄褐孢霉菌，属半知菌亚门真菌。

【发病规律】

病害发生主要与温湿度有关。病菌通过空气传播，从叶背的气孔侵入。病原菌在9~34 ℃均能生长，最适生长温度20~25 ℃。在一定温度下，相对湿度大于80%时，利于发病；在相对湿度达90%以上时，该病易盛行。重茬、排水不畅、植株茂密、通风不良、空气湿度大的地块发病较重。

【防治方法】

1.农业防治

（1）合理安排轮作：与非茄科作物进行2年以上的轮作，以降低土壤中菌源基数。

（2）温室消毒：定植前按每110 m^2用硫黄粉0.25 kg的剂量和0.5 kg的锯末混合，用点燃熏闷的办法进行杀菌处理；或用45%百菌清烟剂按每110 m^2用0.25 kg的剂量熏闷一昼夜的办法进行室内和表土消毒。

（3）高温闷棚：选择晴天中午时间，采取两小时左右的30~33℃高温处理，然后及时通风降温，对病原有较好的控制作用。

2.生态防治　加强棚内温湿度管理，适时通风，适当控制浇水，浇水后及时通风降湿，连阴雨天和发病后控制灌水。合理密植，及时整枝、打杈。实施配方施肥，控制氮肥用量，适当增加磷、钾肥。

3.药剂防治

（1）喷雾施药：及时摘除病叶，喷洒药液全面防治，注意叶背面的防治。用50%多菌灵可湿性粉剂500倍液，或70%甲基硫菌灵可湿性粉剂800~1 000倍液，或40%福星乳油6 000~8 000倍液，或47%加瑞农可湿性粉剂600~800倍液等，每隔7~8天防治1次，连续防治2~3次。

（2）粉尘施药或烟雾施药：傍晚时喷撒粉尘剂或释放烟剂防治。常用的有5%加瑞农粉尘剂、5%百菌清粉尘剂，每亩喷撒1 kg，每隔7~8天喷撒1次；或45%百菌清烟剂每亩施药250~300 g，闭棚点燃熏闷一夜，每隔10天再熏闷 1 次；交替用药。

六 番茄灰霉病

【发病症状】

番茄花、果、叶、茎均可发病。残留的柱头或花瓣先被侵染，后向果实或果柄扩展，致使果皮呈灰白色，并着生厚厚的灰色霉层，呈水腐状。叶片发病多从叶尖部开始，沿支脉间呈“V”形向内扩展，初呈水浸状，展开后为黄褐色，边缘有深浅相间的纹状线。茎染病时开始呈水浸状小点，后扩展为长圆形或条状病斑，浅褐色。湿度大时病斑表面生有灰色霉层，严重时致病部以上枯死（图2.48、图2.49）。

图2.48 番茄灰霉病叶片

图2.49 番茄灰霉病果实

【病原】

该病病原为灰葡萄孢菌，属于半知菌亚门真菌。

【发病规律】

番茄灰霉病属低温高湿型病害，其发病适温20~25 ℃。灰霉病对湿度要求严格，空气相对湿度达90%以上时发病，其寄生能力弱，腐生能力强，病原孢子量大。多从枯枝、烂叶、残花等腐败的部位开始侵染。温室内持续较高的相对湿度是造成该病发生和蔓延的主要因素，尤其在连阴雨多的时期，气温偏低、放风不及时，棚内湿度大，会使灰霉病突然暴发和蔓延。

【防治方法】

1.农业防治

（1）控制棚室温湿度：一般上午温度超过30℃开始放风；下午温度维持在20~25 ℃，至20 ℃时停止放风；夜间温度保持在15~17 ℃。阴天注意打开通风口换气。

（2）加强栽培管理：定植时施足底肥，避免阴雨天浇水。浇水后应放风排湿，发病后控制浇水，病果、病叶及时摘除并集中处理，拉秧后清除病残体，注意农事操作卫生，防止染病。

2.药剂防治　发病前用腐霉利1 000~1 500倍液，或异菌脲1 000~1 500倍液，交替轮流喷雾；也可与百菌清或铜制剂一起喷施预防灰霉病的发生。发病初期用乙烯菌核利（农利灵）800倍液，或嘧霉环胺1 000倍液，或嘧霉胺1 000倍液，或啶菌噁唑2 500倍液，轮换用药进行防治。发病高峰期用腐霉利或异菌脲与发病初期的应用药剂混配进行防治。烟剂可选百速烟剂、菌核净烟剂等。一般情况下，喷药与熏烟交替进行即可，或者喷二次药、熏一次药。若灰霉病发生较重时，可白天喷药、晚上熏烟。

七 番茄斑枯病

番茄斑枯病又称鱼目斑病、斑点病、白星病。

【发病症状】

该病侵害番茄叶片、叶柄、茎、花萼及果实。叶片发病先从叶背侵染，生成水渍状小圆斑，以后叶正、背两面边缘出现暗褐色，中央出现灰白色圆形或近圆形略凹陷的小斑点，斑点表面散生小黑点，继而小斑连成大的枯斑，有时穿孔，严重时中下部叶片干枯，仅剩顶部少量健叶；茎、果上的病斑近圆形或椭圆形，褐色，略凹陷，斑点上散生小黑点（图2.50~图2.52）。

图2.50　番茄斑枯病叶片症状1

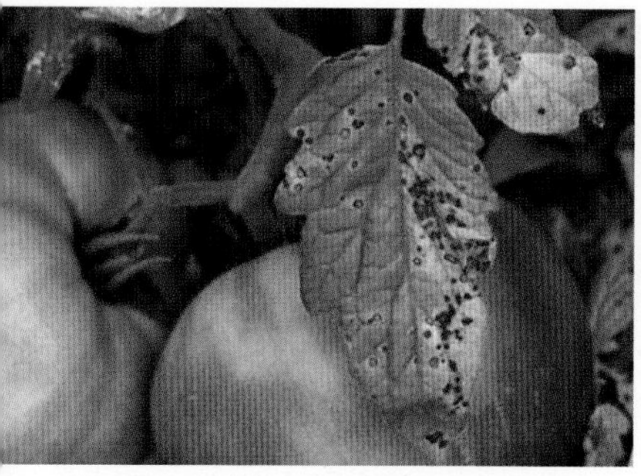

图2.51　番茄斑枯病叶片症状2

图2.52　番茄斑枯病叶片症状3

【病原】

该病病原为番茄壳针孢菌，属半知菌亚门真菌。

【发病规律】

病菌在病残体或多年生茄科杂草上或附着在种子上越冬，成为第2年的初侵染源。番茄各生育阶段均可发病，多在开花结果后发生。病菌借风雨传播，从气孔侵入，病部产生分生孢子重复侵染。病菌发育适温为22~26℃，分生孢子在52℃时经10分钟致死。高湿利于分生孢子从孢子器内溢出，最适相对湿度为92%~94%。雨后转晴，植株生长衰弱，肥料不足时发病较重。

【防治方法】

1.农业防治

（1）选择抗病品种。播种前进行种子消毒处理。用52℃温水浸种30分钟，取出晾干后催芽播种。

（2）重病地与非茄科作物实行3~4年轮作，最好与豆科或禾本科作物轮作。

（3）采用高畦种植，合理密植。

（4）施用充分腐熟的有机肥，增施磷、钾肥，适时灌溉，注意田间排水降湿，培育壮苗。

（5）田间发现病株及时拔除，收获后清除病残体，来年种植，减少病原。

2.药剂防治 发病初期喷施75%百菌清可湿性粉剂600倍液，或64%杀毒矾可湿性粉剂100~500倍液，或58%甲霜灵可湿性粉剂500倍液，或40%多硫悬浮剂500倍液，每隔10天左右喷雾防治1次，连续防治2~3次。

八 番茄灰叶斑病

【发病症状】

该病主要为害番茄叶片，叶柄、果梗、花、茎也可染病。病害流行时，植株上部和下部叶片同时发病。叶发病，叶片上出现长径2~4 mm的灰褐色近圆形小病斑，病斑沿叶脉逐渐扩展呈不规则形，后期干枯易穿孔，叶片逐渐枯死。花发病，主要在花萼和花柄上出现2 mm左右的灰褐色病斑。花未开前感病引起落花；挂果后花萼发病不引起落果，但造成果蒂干枯。茎秆发病，初期产生椭圆形病斑，后期病斑凹陷，中央颜色为灰白色或淡褐色。病斑逐渐干枯。轻病株及时防治后补施肥料，能长出新枝挂果；病重株枯死（图2.53、图2.54）。

图2.53 番茄灰叶斑病叶正面

图2.54 番茄灰叶斑病叶背面

【病原】

该病病原为茄匍柄霉菌，属半知菌亚门真菌。

【发病规律】

温暖潮湿、阴雨天及结露持续时间长是发病的重要条件。病菌以菌丝体随病残体在土壤中或以分生孢子黏附在种子上越冬，第2年在温湿度适宜情况下产生分生孢子，进行初侵染。分生孢子借助气流、雨水反溅到番茄植株上，从气孔侵入实现再侵染。一般土壤肥力不足，植株生长衰弱发病重。

【防治方法】

1.农业防治

（1）选用抗病品种。

（2）及时清除病残体。

（3）适时放风降湿，增施有机肥和磷、钾肥，增强植株抗性。

2.药剂防治　病害发生前选用20%噻菌铜悬浮剂500倍液，或57.6%氢氧化铜粉剂1 000倍液，或75%百菌清可湿性粉剂600倍液，或250 g/L嘧菌酯悬浮剂1 500倍液，或64%噁霜·锰锌可湿性粉剂400倍液，喷雾防治。阴雨天棚室湿度大，可用百菌清烟剂等熏烟剂防病。

九 番茄煤污病

【发病症状】

番茄煤污病可以侵染番茄的叶片、茎秆和果实，但主要以为害叶片为主。叶片感病初期，可在叶面或叶片背面看到有少量的灰毛状物，随病情发展逐渐变成黑色或黑褐色的霉层。发病严重时，整个叶片表面密布黑霉，最后叶片枯死。茎秆和果实感病后，其症状表现与叶片症状相似（图2.55、图2.56）。

图2.55 番茄煤污病叶片

图2.56 番茄煤污病果实

【病原】

该病病原为煤污假尾孢菌，属半知菌亚门真菌。

【发病规律】

病菌在土壤内及植物残体上越冬，环境条件适宜时产生分生孢子，借风雨及蚜虫、白粉虱等传播蔓延。多从植株下部叶片开始发病。高温、高湿，遇雨或连阴雨天气，阵雨转晴，或气温高、田间湿度大利于分生孢子的产生和萌发，易导致病害流行。

【防治方法】

（1）在前茬作物收获后及时清除病残体，以减少田间菌源。

（2）棚室栽培番茄要通风透气，雨后及时排水，防止湿气滞留。

（3）及时防治蚜虫、粉虱及介壳虫。

（4）发病初期喷施40%灭菌丹可湿性粉剂400倍液，或50%苯菌灵可湿性粉剂1 500倍液，或40%多菌灵胶悬剂600倍液，或50%多霉灵可湿性粉剂1 500倍液，或65%甲霉·噁霉灵可湿性粉剂1 500~2 000倍液，15天左右喷雾防治1次，连续防治1~2次。采收前3天停止用药。

十 番茄菌核病

【发病症状】

叶片染病，多始于叶缘，初呈水浸状，淡绿色，高湿时长出少量白霉，病斑呈灰褐色，蔓延速度快，致叶片枯死。茎部染病，多由叶柄基部侵入，呈水渍状暗绿至灰白色稍凹陷病斑，在病部产生絮状白霉，后期转变成鼠粪状菌核，表皮纵裂，皮层腐烂，病茎变空，可在髓部产生黑色菌核，随病害发展植株萎蔫枯死。果实染病，常始于果柄，并向果实表面蔓延，呈暗绿色水渍状软腐，青果似水烫状，在病部长出浓密絮状菌丝团，后期转变成黑色菌核。花托上的病斑环状，包绕果柄周围。随病情发展，病果腐烂并脱落（图2.57~图2.59）。

图2.57 番茄菌核病茎外部

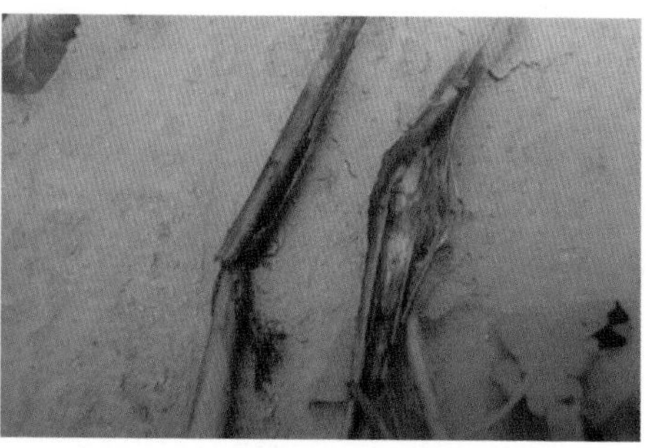

图2.58 番茄菌核病茎剖开内部

【病原】

该病病原为核盘孢菌，属子囊菌亚门。

【发病规律】

图2.59　番茄菌核病果实

该菌菌核在土中或混在种子中越冬。萌发后的菌核形成子囊盘，放射出子囊孢子，借风、雨及种苗传播蔓延。子囊孢子萌发适温5~10℃，菌丝适温20℃，菌核萌发适温15℃。相对湿度高于85%有利子囊孢子萌发和菌丝生长。该菌在寄主内分泌果胶酶，造成病组织腐烂。感病叶和健康叶摩擦可再次侵染。春季和晚秋保护地低温高湿条件下易发病。

【防治方法】

1.农业防治

（1）深翻土壤，使菌核不能萌发。

（2）及时清除田间杂草、病叶、病株和病果，集中深埋或烧毁，采用地膜覆盖栽培。

（3）实行轮作。发病地块实行与禾本科作物、水生蔬菜或葱蒜类轮作2~3年。

（4）苗床消毒，培育无病苗。每平方米苗床用50%多菌灵可湿性粉剂10克加干细土10~15 kg拌匀后撒施。

2.药剂防治　发病初期选用65%甲霉·噁霉灵可湿性粉剂600倍液，或80%多菌灵可湿性粉剂600倍液，或40%菌核净可湿牲粉剂500倍液，或50%速克灵可湿性粉剂800~1 000倍液，或70%

甲基托布津可湿性粉剂600倍液，或20%甲基立枯磷乳油800倍液，每隔7~10天喷雾防治1次，连续防治2~3次。采用烟雾法或粉尘法防治，每亩用10%速克灵烟剂250~300 g闭棚熏闷或5%百菌清粉尘剂1kg 喷施，每隔7~9天防治1次。

十一　番茄猝倒病

【发病症状】

幼苗未出土时发病，胚茎和子叶腐烂。出土后幼苗发病，幼茎基部初呈水渍状病斑，后变褐色，缢缩成线状，幼苗倒地死亡，死亡时子叶尚未凋萎，仍为绿色。高温、高湿时，病株附近的表土，可长出一层白色棉絮状菌丝（图2.60、图2.61）。

图2.60　番茄猝倒病1

图2.61　番茄猝倒病2

【病原】

该病病原为瓜果腐霉菌，属鞭毛菌亚门真菌。

【发病规律】

病菌以卵孢子在土壤中越冬，条件适宜时，萌发产生游动孢子或直接侵入寄主。病菌腐生性很强，可在土壤中的病残体或腐殖质中以菌丝体长期存活。病菌借雨水或灌溉水的流动传播。幼苗多在床温较低时发病，低温、高湿是猝倒病发生蔓延的主要条件，连续15℃以下的低温数天时，则易发生猝倒病。苗床光照弱，通气性差则发病严重。子叶苗到第一真叶抽生阶段，最易发病，真叶长大后发病较轻。

【防治方法】

（1）种子和土壤消毒：采用温汤浸种或药剂浸种处理，催芽不宜过长，以免降低种子发芽能力。

（2）苗床管理：苗床内温度应控制在20~30℃，地温保持在16℃以上，注意提高地温，降低土壤湿度，防止出现10℃以下的低温和高湿环境。出苗后尽量不浇水，必要时选择晴天喷洒，切忌大水漫灌。适量放风，增强光照，促进幼苗健壮生长。

（3）发现病苗立即拔除，用青枯立克50~100mL兑水15kg及时喷施，每隔3~5天防治1次，连续防治2~3次。

十二　番茄黑斑病

番茄黑斑病又称钉头斑病、指斑病。

【发病症状】

该病主要为害番茄果实、叶片和茎。果实染病后出现灰褐色或褐色病斑，圆形至椭圆形稍凹陷，有明显的边缘，斑面生黑色霉状物即分生孢子梗和分生孢子（图2.62、图2.63）。

【病原】

该病病原为番茄链格孢，属半知菌亚门真菌。

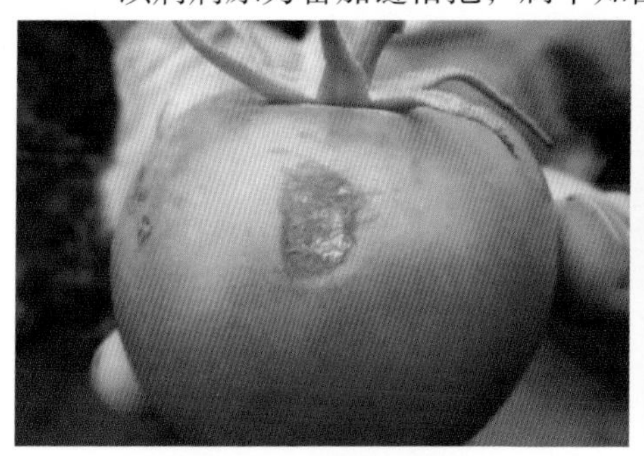

图2.62　番茄黑斑病1

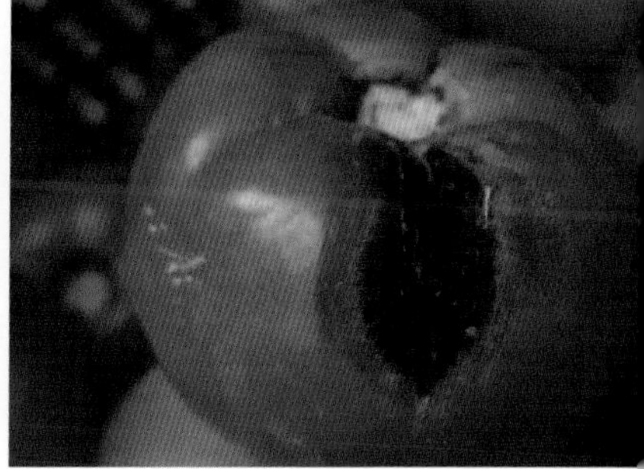

图2.63　番茄黑斑病2

【发病规律】

病菌以菌丝体或分生孢子丛和分生孢子随病残体遗落土中越冬，翌春以分生孢子借气流传播蔓延，进行初侵染和再侵染。寄生性较弱，寄主范围广，通常植株生长衰弱或果实有伤口时利于病菌侵染。温暖多湿的天气对本病发生有利。

【防治方法】

（1）加强水肥管理，培育健壮植株。

（2）及早喷药预防，从青果期开始喷洒50%扑海因可湿性粉剂1 000~1 500倍液，或75%百菌清可湿性粉剂600倍液，或58%锰锌·甲霜灵可湿性粉剂500倍液，或80%喷克可湿性粉剂600倍液。每隔10天左右喷雾防治1次，连续防治2~3次。

十三　番茄黄萎病

【发病症状】

该病主要在番茄中后期发生，病叶由下至上逐渐变黄，黄色斑驳首先出现在侧脉之间，上部较幼嫩的叶片以叶脉为中心变黄，形成明显的楔形黄斑，逐渐扩大到整个叶片，最后病叶变褐枯死。但叶柄仍较长时间保持绿色。剖开病茎基部，导管变褐色（图2.64、图2.65）。

图2.64　番茄黄萎病1

图2.65　番茄黄萎病2

【病原】

该病病原为大丽轮枝孢，属半知菌亚门真菌。

【发病规律】

病菌以休眠菌丝、厚垣孢子和微菌核随病残体在土壤中越冬，通过带菌的土壤或茄科杂草，随风、雨、流水或人畜及农具等传播，15~24 ℃环境温度利于该病的蔓延。病菌发育适温19~20 ℃，定植时根部机械损伤，伤口愈合慢，病菌从伤口侵入，在维管束内繁殖，后扩大到枝叶。久旱高温，气温超过28℃时病害受到抑制。地势低洼、灌水不当、施用未腐熟的有机肥及连作地块发病较重。

【防治方法】

（1）种子消毒：用0.1%硫酸铜浸种5分钟，洗净后再催芽。

（2）定植前喷50%多菌灵可湿性粉剂700倍液。发病初期用50%混杀硫悬浮剂或50%多菌灵可湿性粉剂500倍液，或50%琥胶肥酸铜可湿性粉剂350倍液灌根，每株0.5 L；或12.5%增效多菌灵250倍液，每株灌根100 mL。还可将多菌灵或甲基托布津加水做成糊状涂抹病部。每隔7~10天灌根1次，连续用药2~3次。

十四 番茄茎基腐病

【发病症状】

该病主要为害大苗或定植后番茄的茎基部或地下主侧根，病斑呈暗褐色，绕茎基或根茎扩展，致使皮层腐烂，地上部叶片变黄，果实膨大后，因养分供应受阻逐渐萎蔫枯死。后期病部表面常形成黑褐色大小不一的菌核（图2.66~图2.68）。

图2.66 番茄茎基腐病根茎部1

【病原】

该病病原为立枯丝核菌，属半知菌亚门真菌。

图2.67 番茄茎基腐病根茎部2

图2.68 番茄茎基腐病茎秆

【发病规律】

病菌在土壤中越冬，腐生性强，可以在土中生存2~3年，湿度大时病菌从伤口侵入，引起发病。越冬大棚番茄定植过早，幼苗定植过深，培土过高，苗期地温过高，植株长势弱，大水漫灌后茎基部渍水，根系透气性降低，使得土壤内的病菌在适宜的温度、水分条件下大量滋生繁殖，并侵染茎基部维管束，致使植株感病。

【防治方法】

1.农业防治

（1）种子处理：育苗前先用55 ℃水烫种10~15分钟，然后用0.1%高锰酸钾浸种后播种。

（2）苗床或育苗盘药土处理，培育无病壮苗。

（3）选择非茄科作物实行3年以上轮作地进行定植。定植时要注意剔除病苗，幼苗定植时不宜过深，带土移栽，培土不宜过高。雨天及时排除地上积水，以减少定植田发病率。

2.药剂防治　初发病时喷施40%拌种双粉剂悬浮液800倍液，或用20%甲基立枯磷乳油1 200倍液，或用五氯硝基苯粉剂200倍液加50%福美双可湿性粉剂200倍液涂抹病部。定植后发病，可在茎基部施用药土，每立方米细土加入50%多菌灵可湿性粉剂80 g。充分混匀后覆盖病株基部，促其在病斑上方长出不定根。

十五 番茄绵疫病

【发病症状】

该病主要为害果实。苗期发病可引起猝倒。近地面果实染病形成水渍状黄褐色或褐色大斑块，致使整个果实软腐，病果外表不变色，有的果皮脆裂，上密生白色绵霉。叶片染病，其上长出水浸状大型褪绿斑，慢慢腐烂，有的可见同心轮纹（图2.69、图2.70）。

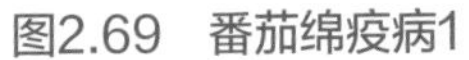

图2.69 番茄绵疫病1

图2.70 番茄绵疫病2

【病原】

常见有寄生疫霉、辣椒疫霉、茄疫霉3种病原菌，均属鞭毛菌亚门真菌。

【发病规律】

病菌以卵孢子或厚垣孢子随病残体在田间越冬，成为第二年的初侵染源。借雨水溅到近地面的果实上，从果皮侵入而发病，病菌丝产生孢子囊及游动孢子，通过雨水及灌溉水进行传播再侵染。阴雨连绵、相对湿度在85%以上，平均气温在25~30℃的天气条件，特别是雨后转晴天，气温骤升，有利于绵疫病的流行。7~8月高温多雨季节或低洼、土质黏重地块发病较重。

【防治方法】

1.农业防治

（1）选择3年未种过茄科蔬菜、地势高、排水良好、土质偏沙的地块种植。

（2）定植前精细整地，沟渠通畅，做到深开沟、高培土、降低土壤含水量。

（3）及时整枝打杈，去掉老叶，使果实四周空气流通。

（4）采用地膜覆盖栽培，避免病原菌通过灌溉水或雨水反溅到植株下部叶片或果实上。

（5）加强田间管理，及时摘除病果，深埋或烧毁。

2.药剂防治　发病初期喷施40%三乙膦酸铝可湿性粉剂200倍液，或58%锰锌·甲霜灵可湿性粉剂500倍液，或64%杀毒矾可湿性粉剂500倍液，或72.2%普力克水剂800倍液，每隔10天左右喷雾防治1次，连续防治2~3次。

十六　番茄白粉病

【发病症状】

该病病害发生在叶片、叶柄、茎及果实上。叶片染病，初在叶面出现褪绿色小点，后扩大为形状不规则粉斑，表面生白色絮状物，是病菌的菌丝、分生孢子梗及分生孢子。起初霉层稀疏，渐增多呈毡状，病斑扩大连片或覆盖全叶面。有时粉斑也可发生于叶背面，其正面为边缘不明显的黄绿色斑，后期病叶变褐枯死。叶柄、茎、果实染病时，病部表面也产生白粉状霉斑（图2.71、图2.72）。

图2.71　番茄白粉病症状1

【病原】

该病病原有性阶段为鞑靼内丝白粉菌，属子囊菌亚门真菌；无性阶段为番茄拟粉孢，属于半知菌门真菌。

【发病规律】

病菌在冬作番茄上以无性孢子越冬，也可以闭囊壳随病残体于地面上越冬，条件适宜时闭囊壳内散出的子囊孢子随气流传播蔓延，以后又在病部产出分生孢子，成熟的分生孢子脱落后通过气流进行再侵染。番茄拟粉孢分生孢子萌发适温为20~25 ℃，鞑靼内丝白粉菌萌发适温为15~30 ℃。病苗主要依靠气流传播为害，在25~28 ℃环境温度和干燥条件下易流行。在湿润的环境下病菌传播会受到抑制。该病在露地多发生于6~7月或9~10月，温室或塑料大棚则多见于3~6月或10~12月。

图2.72 番茄白粉病症状2

【防治方法】

1.农业防治

（1）选用抗病品种。

（2）加强栽培管理。做好配方施肥、合理密植，严格控制空气湿度，防止形成干燥的环境，适时浇水，使棚内保持一定的湿度。

（3）收获后及时清除病残体，减少菌源。

2.药剂防治 发病初期用50%多菌灵可湿性粉剂600~800倍液，或2%武夷菌素水剂200倍液，或42.4%氟唑菌酰胺·吡唑醚菌酯悬浮剂1 000倍液，或42.8%氟吡菌酰胺·肟菌酯1 500倍液，或10%苯醚甲环唑水分散粒剂1 000倍液，或15%三唑酮可湿性粉剂1 000倍液，进行喷雾防治。每隔7~10天防治1次，连续防治2~3次。注意药剂的交替使用，避免产生抗药性。

十七　番茄炭疽病

【发病症状】

该病病菌主要为害近成熟的果实，果实染病先出现湿润状褪色的小斑点，逐渐扩大成近圆形或不规则的凹陷病斑，渐呈褐色，有时呈同心轮纹状，其上密生毛状小黑粒点。后期病斑上长出粉红色黏稠状小点，病斑常呈星状开裂，病斑四周有一圈橙黄色的晕环。发生严重时病果在田间腐烂脱落（图2.73、图2.74）。

图2.73　番茄炭疽病病果1

【病原】

该病病原为番茄刺盘孢菌，属于半知菌亚门真菌。

【发病规律】

病菌以菌丝体在种子或病残体上越冬，翌春产生分生孢子，借雨水飞溅传播蔓延。发育适宜温度范围在12~33 ℃。当温度在25~28 ℃，空气相对湿度在95%以上时，最适宜病菌侵染和发病。孢子萌发产出芽管，经伤口或直接侵入，未着色的果实染病后潜伏到果实成熟才表现症状。生长后期，病斑上产生的粉红色黏稠物内含大量分生孢子，通过雨水溅射再侵染。当空气相对湿度在70%以下时，病菌发育受到抑制，发病较轻；高温高湿、土壤黏重或地势低、种植过密、管理粗放、田间通风透光性差有利于此病发生。

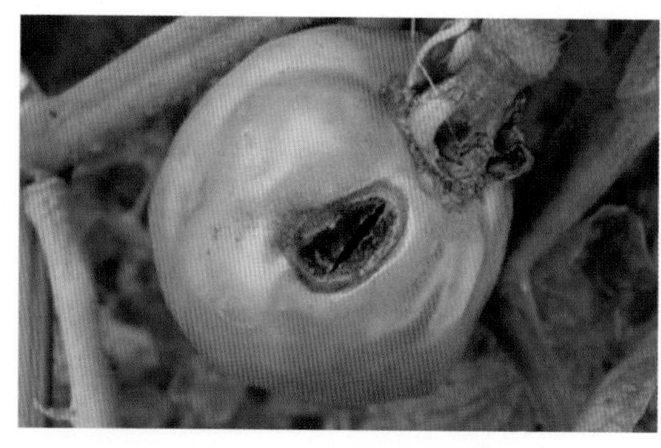

图2.74 番茄炭疽病病果2

【防治方法】

1.农业防治

（1）与非茄果类蔬菜实行3年以上轮作。

（2）及时摘除病果，带出棚外深埋，防止其再次侵染为害。拉秧时彻底清除地面病残体、枯叶，集中高温销毁，以减少次年侵染源。

（3）温室栽培番茄，应加强温湿度管理，及时放风排湿，控制浇水，浇水方式应采取暗灌或滴灌，忌漫灌。

（4）实行配方施肥，适当增加磷、钾肥，提高植株抗病能力。

2.药剂防治 最好在绿果期用药。在发病初期可用80%炭疽福美可湿性粉剂800倍液，或50%甲基托布津可湿性粉剂500~800倍液，或50%多菌灵可湿性粉剂500~800倍液，或75%百菌清可湿性粉剂1 000倍液+70%甲基硫菌灵可湿性粉剂1 000倍液，或75%百菌清可湿性粉剂1 000倍液+50%苯菌灵可湿性粉剂1 500倍液。每隔7~10天喷雾防治1次，连续防治2~3次。交替用药，防止产生抗药性。

十八 番茄枯萎病

【发病症状】

该病病菌侵入植株后，发病初期下部叶片先变黄，后期上部叶片也枯黄，有时仅一侧叶片变黄。切开病株的茎，可见导管变褐色。一旦发病，难以防治。根腐枯萎是大棚番茄遇低温时发生枯萎病的症状，病株茎导管中的褐变不向上发展，根部腐烂重。病株茎中空，一般从植株顶部向下枯萎（图2.75~图2.78）。

图2.75 番茄枯萎病1

图7.26 番茄枯萎病2

【病原】

该病病原为番茄尖镰孢菌番茄专化型，属半知菌亚门真菌。

【发病规律】

病菌以菌丝体或厚垣孢子在土壤中或病残体中

图2.77　番茄枯萎病3

图2.78　番茄枯萎病4

越冬，种子和未腐熟粪肥也可带菌。病菌可随雨水、灌溉水和施入的带菌粪肥传播，带菌种子可远距离传播。病菌从根部伤口或幼根尖端直接侵入，在维管束内为害。高温高湿有利于病害发生。土温在25~30 ℃时，土壤潮湿、偏酸、地下害虫多及土壤板结、土层浅的地块发病较重。番茄连作年限长，长期施用未腐熟有机肥，或追肥不当烧根，地下害虫和线虫多，植株抗病性差时易发病。

【防治方法】

1.农业防治

（1）选用抗（耐）病品种。

（2）苗床消毒，培育无病苗。播种前种子用55 ℃温水浸种30分钟消毒。

（3）重病地进行二年以上轮作。

（4）施用的有机肥要充分腐熟，增施磷、钾肥。保持土壤湿度适宜。雨后及时排水。

（5）发现零星病株及时拔除，植穴填入生石灰消毒。

2.药剂防治　发病初期喷洒50%多菌灵可湿性粉剂500倍液，或采用10%双效灵200倍液，或多菌灵500倍液，或萎菌净1 000倍液，或70%敌克松500倍液，或抗枯灵800倍液，灌根。每株灌200~300 mL，每隔7~10天灌根1次，连续灌根3~4次。

第三部分
虫　害

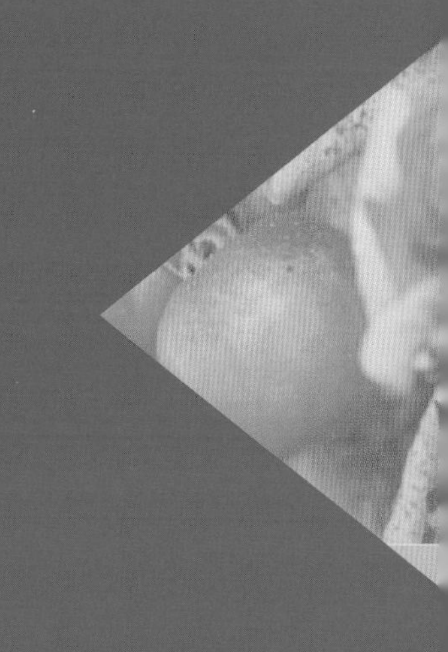

一 根结线虫

【为害症状】

根结线虫感染的番茄植株生长缓慢、黄弱，有时中部叶片萎蔫，重时下部叶片黄枯而死。挖出病株根部，可见主根长势弱，侧根和须根上形成许多根结，俗称“瘤子”。根结大小、形状不一，始为白色，质地柔软，后变淡灰褐色，表面有时龟裂。剖开根部可见病束组织内有鸭梨形极小乳白色雌线虫（图3.1、图3.2）。

图3.1　番茄根结线虫病根部

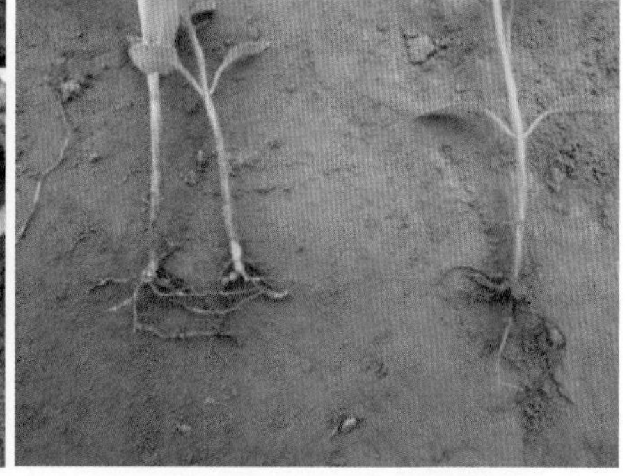

图3.2　番茄根结线虫病苗期

【发生规律】

病原线虫以2龄幼虫和卵囊中的卵随病原体在土壤中越冬，在田间主要靠病土、病苗、灌溉水传播。病原线虫多分布在20 cm深的土层中，以2龄幼虫为侵染幼虫，由根冠等处侵入，其分泌物刺激侵染点附近的部位使之增生增大，形成根结。

【防治方法】

1.农业防治

（1）清洁田园，清除带有根结线虫的病原体，集中深埋或烧毁。

（2）重病地可与耐线虫的韭菜、葱、辣椒等进行2~3年轮作。水旱轮作效果更好。

（3）施用充分腐熟的有机肥，特别要增加微生物菌肥的使用，一般每亩集中使用（沟施或穴施）微生物菌剂30~40千克，可减少根结线虫的为害。

2.药剂防治　用阿维菌素有机肥或克线蛆菌有机肥作底肥，亩施肥320~480 kg；番茄盛果期，再冲施2~3次，每次每亩冲施40~80 kg，对防治根结线虫效果显著。必要时可选用1.8%阿维菌素1 500~3 000倍液灌根。

二 白粉虱

【为害症状】

成虫和若虫群居叶背吸食汁液，被害叶片褪绿、变黄、萎蔫，甚至全株枯死。该虫在为害叶片的同时，还分泌大量蜜露污染叶片和果实，发生霉污病，造成减产，降低商品质量。并且白粉虱还可以传播病毒（图3.3~图3.5）。

图3.3　白粉虱为害番茄叶片

【发生规律】

在北方温室环境适宜时，约1个月完成1代，1年可发生10代以上。冬天室外不能越冬，华中以南地区以卵在露地越冬。成虫有趋嫩性，在植株顶部嫩叶产卵。卵以卵柄从气孔插入叶片组织中，与寄主植物保持水分平衡，极不易脱落。白粉虱繁殖适温为

图3.4　白粉虱成虫

图3.5　白粉虱为害番茄果实

18~21℃。春季随秧苗移植或温室通风移入露地。

【防治方法】

1.农业防治　前茬作物拉秧后及时清除残株、落叶及杂草，减少越冬虫源。

2.物理防治　白粉虱对黄色具有很强的趋向性，可采用黄板诱杀消灭成虫。

3.生物学防治　利用天敌中华草蛉、丽蚜小蜂天敌和赤座霉菌防治白粉虱。

4.药剂防治　发现白粉虱可用25%扑虱灵可湿性粉剂2 500倍液，或2.5%溴氰菊酯1 000倍液喷洒。每隔7天喷洒防治1次，连续防治3~4次。

三 烟粉虱

【为害症状】

图3.6 烟粉虱群体

烟粉虱为害初期，叶片出现白色小点，沿叶脉变为银白色，后发展至全叶，使叶面呈银白色如镀锌状膜，光合作用受阻。严重时全株除心叶外多数叶片布满银白色膜，导致生长减缓，叶片变薄，叶脉、叶柄变白发亮，呈半透明状，且附着叶面，不易擦掉（图3.6~图3.8）。

【发生规律】

烟粉虱在设施条件下每年可发生10~12个重叠世代，最佳发

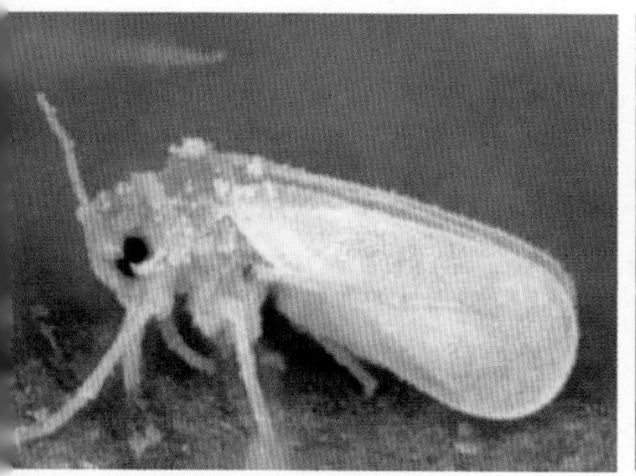

图3.7 烟粉虱成虫

图3.8 烟粉虱为害番茄叶片

育温度为24~28℃，每代15~40天，在24℃条件下，29天可繁殖一代。每个雌性烟粉虱产卵120粒左右，卵多产在植株中部嫩叶上。成虫喜欢无风温暖气候，有趋黄性，气温低于12℃停止发育，15℃开始产卵，气温在21~33℃范围内，随气温升高，产卵量增加，高于40℃成虫死亡，相对湿度低于60%成虫停止产卵或死亡。烟粉虱在番茄植株上的分布表现为由中、下部向上部转移，成虫主要集中在下部，从下到上，卵及1~2龄若虫的数量逐渐增多，3~4龄若虫及蛹壳的数量逐渐减少。暴风雨能抑制其大发生，非灌溉区或浇水次数少的作物受害重。

【防治方法】

1.农业防治

（1）合理安排作物茬口和播种期。与葱、蒜类蔬菜以及芹菜、茼蒿等进行换茬，以减轻烟粉虱发生。

（2）育无虫苗。番茄育苗时要尽量避开烟粉虱的高发期，育苗地要远离烟粉虱发生区域，在育苗前彻底清除田间杂草和残留植株，并杀灭残留虫源，采用防虫网隔离育苗，培育“无虫苗”。

（3）采用黄板诱杀。烟粉虱成虫对黄色具有较强的正趋性，可在烟粉虱成虫盛发期内，在田间悬挂黄板进行诱杀。每亩悬挂32~34块，置于行间，与植株高度一致。

2.药剂防治　烟粉虱世代重叠严重，繁殖速度快，需在烟粉虱发生早期施药。用20%啶虫脒乳油2 000倍液，或1%高氯·甲维盐乳油1 000倍液，或80%氟虫腈水分散粒剂1 500倍液，防治烟粉虱成虫；用25%噻嗪酮可湿性粉剂1 000~1 500倍液，防治烟粉虱若虫；用10%吡丙醚乳油400~600倍液，可灭杀烟粉虱卵。防治药剂交替使用，避免产生抗药性。

四 蓟马

【为害症状】

成虫和若虫锉吸蔬菜、瓜类的嫩梢、嫩叶。嫩叶受害，叶片变薄生长弱，叶片中脉两侧出现灰白色或灰褐色条斑，表皮颜色为灰褐色，叶片出现变形、卷曲。被害芽梢变硬、缩小，植株生长缓慢，有的还会形成无头苗。幼果受害，在果面形成许多白色圆圈，中间一个小黑点，似溃疡病（溃疡病形成的病斑中间有小点突起，似鸟眼状）（图3.9~图3.11）。

图3.9　蓟马成虫

图3.10　蓟马为害叶片

图3.11　蓟马为害果实

【发生规律】

蓟马一年四季均有发生，春、夏、秋三季主要发生在露地，冬季发生在温室大棚，为害茄子、黄瓜、芸豆、辣椒、西瓜等作物。蓟马为孤雌生殖。每头雌虫可产卵30~100粒。初孵若虫在组织内取食，2龄后转移到植物表面取食。耐干旱，忌暴雨和湿热。发育适宜相对湿度为75%~80%，产卵有趋嫩性。成虫一般白天躲在叶背、叶心中，傍晚或阴天出来活动取食，主要是趋嫩为害。一般以幼苗和顶叶、花、幼果受害重。成虫有趋蓝色和黄色的习性。高峰期发生在秋季或入冬的11~12月，3~5月则是第2个高峰期。繁殖率高，易暴发成灾。

【防治方法】

1.农业防治

（1）清除田间杂草。

（2）合理灌水，保持田间湿润。

（3）田间悬挂蓝板或黄板诱杀成虫。

2.药剂防治　坚持早期防治，交替用药，地上植株及地面同时用药。可选用5%锐劲特悬浮剂4 000倍液，或1%阿维菌素乳油2 000倍液，或10%吡虫啉可湿性粉剂2 000倍液，或10%一遍净1 000倍液，或1.8%阿维菌素5 mL+4.5%高效氟氯氰菊酯15 mL，兑水15 kg喷雾，每隔7~10天防治1次，连续防治2~3次。

五 茶黄螨

【为害症状】

茶黄螨为害番茄叶片、新梢、花蕾和果实。幼嫩部位为害，主要以刺吸式口器吸取植物汁液。叶片受害后，变厚变小变硬，叶反面茶锈色，油渍状，叶缘向背面卷曲，嫩茎呈锈色，梢颈端枯死，花蕾畸形，不能开花。果实受害后，果面黄褐色粗糙，果皮龟裂，种子外落，严重时呈馒头开花状（图3.12~图3.15）。

【发生规律】

棚室中全年均有发生，每年可发生几十代。温暖高湿有利于茶黄螨的生长与发育。单雌产卵量为百余粒，卵多散产于嫩叶背面和果实的凹陷处。生长迅速，在18~20 ℃下，7~10天可发育1代；在28~30 ℃下，4~5天发生1代。成螨活动能力强，靠爬迁或

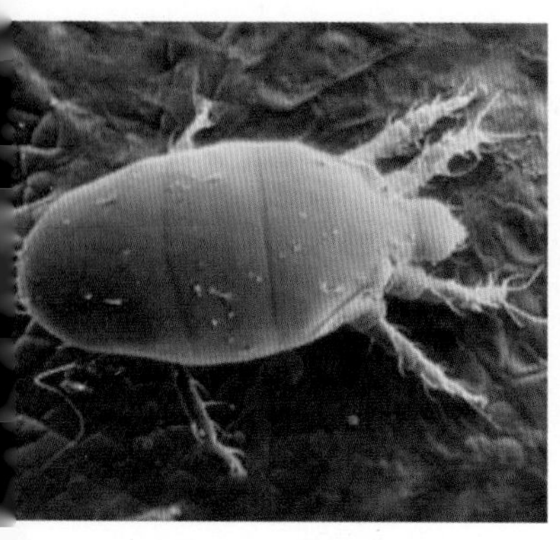

图3.12 茶黄螨

图3.13 茶黄螨为害叶片

图3.14　茶黄螨为害果实1

图3.15　茶黄螨为害果实2

自然力扩散蔓延。在棚室内的植株或在土壤中越冬。露地菜在6~9月受害较重。

【防治方法】

1.农业防治

（1）培育无虫苗。

（2）消灭越冬虫源。清洁田园，减轻次年在露地蔬菜上为害。

（3）熏蒸杀螨。每立方米温室大棚用27g溴甲烷密封熏杀16小时左右可起到很好的杀螨效果。

（4）选用早熟品种，早种早收，避开螨害发生高峰。

2.药剂防治　发病初期选用35%杀螨特乳油1 000倍液，或5%尼索朗乳油2 000倍液，或5%卡死克乳油1 000~1 500倍液，或20%螨克1 000~1 500倍液，或0.9%爱福丁乳油3 500~4 000倍液，或速螨酮和霸螨灵，喷雾防治，每隔7~10天防治1次，连续防治2~3次。喷药重点是植株上部嫩叶、嫩茎、花器和嫩果。注意轮换用药。

六 斑潜蝇

【为害症状】

斑潜蝇为害时成虫把卵产在番茄叶肉里，幼虫出世后就开始蚕食叶肉，看到弯弯曲曲的“白色蛀道”就是幼虫蚕食叶片的结果，俗称“鬼画符”。为害严重时潜痕密布，破坏叶片的正常组织，影响植株的光合作用，可造成叶片脱落、植株早衰（图3.16~图3.18）。

图3.16 斑潜蝇为害叶片

【发生规律】

斑潜蝇具有繁殖能力强、寄主范围广、发生代数多、世代重叠严重等特点，一年四季均可发生。南方各省年发生一般为21~24代，无越冬现象，雌虫把卵产在部分伤孔表皮下，卵经2~5天孵化，幼虫期4~7天，末龄幼虫咬破叶表皮在叶外或土表下化蛹，蛹经7~14天羽化为成虫，每世代夏季2~4周，冬季6~8周。成虫具有趋光性、趋绿性、趋黄性，以产卵器刺伤叶片，吸食汁液。一天中中午12时成虫数量最多，下午2~4时活动最旺盛，日落停止，雨天成虫少，雨后大量出现。

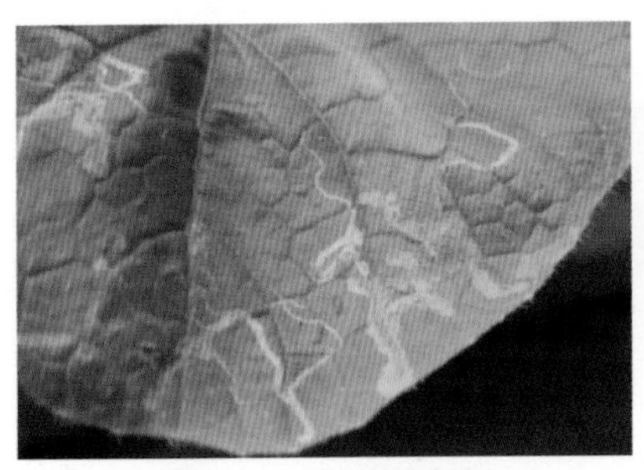
图3.17　斑潜蝇虫卵

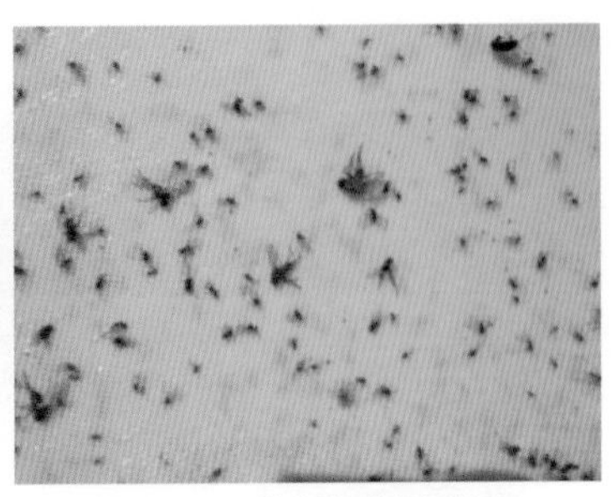
图3.18　黄板诱杀斑潜蝇

【防治方法】

1.农业防治

（1）在前茬作物收获后，及时清除杂草、老叶、病叶及残叶，集中深埋或烧毁，以消灭虫源。

（2）在害虫发生高峰期，及时摘除带虫的叶片，并进行焚烧处理。

2.物理防治

（1）粘虫板诱杀：斑潜蝇的成虫具有趋黄性，田间可悬挂黄板，一般挂在植株顶上20~30 cm处。

（2）杀虫灯诱杀：利用潜叶蝇趋光性，采用杀虫灯诱杀成虫。

3.生物防治

（1）利用天敌姬小蜂、潜蝇茧蜂防治斑潜蝇幼虫。

（2）使用昆虫生长调节剂影响成虫生殖、卵的孵化和幼虫的蜕皮与化蛹。

4.药剂防治

（1）温室熏棚。定植前用硫黄粉熏蒸。生长期选用敌敌畏乳油熏蒸处理，降低虫口基数，减轻为害。

（2）选含有阿维菌素、高效氟氯氰菊酯、灭蝇胺、甲维盐等药剂防治1~2龄幼虫。喷药时叶正、背面都要兼顾。注意交替用药，每隔7~10天防治1次。连续防治2~3次。

七 蚜虫

【为害症状】

成虫和若虫在叶背面和嫩梢、嫩茎上吸食汁液。嫩叶及生长点被害后，叶片卷缩，弯曲畸形，影响开花结实，植株生长受到抑制，甚至枯萎死亡。老叶受害时不卷缩，但提前干枯。同时蚜虫还能传播病毒病，造成的为害远远大于蚜害本身（图3.19、图3.20）。

图3.19　蚜虫为害番茄植株

【发生规律】

以卵在越冬寄主上或以若蚜在温室蔬菜上越冬，周年为害。一年可以繁衍10代以上。6℃以上时蚜虫就可以活动为害。繁殖适宜温度为16~20℃，春、秋季时10天左右完成一个世代，夏季4~5天完成一代。每头雌蚜产若蚜60头以上，繁殖速度非常快。温度高于25℃时的高湿环境不利于蚜虫为害，北方蚜虫为害期多在6月中下旬和7月初。蚜虫对银灰色有驱避性，有强烈的趋黄性。

【防治方法】

1.农业防治

（1）消灭虫源：在冬前、冬季及春季要彻底清洁田间，清除菜田附近杂草。

（2）科学栽培：合理安排蔬菜茬口，减少蚜虫为害。例如，韭菜挥发的气味对蚜虫有驱避作用，可与番茄、茄子等蔬菜搭配种植，降低蚜虫的密度，减轻蚜虫为害。

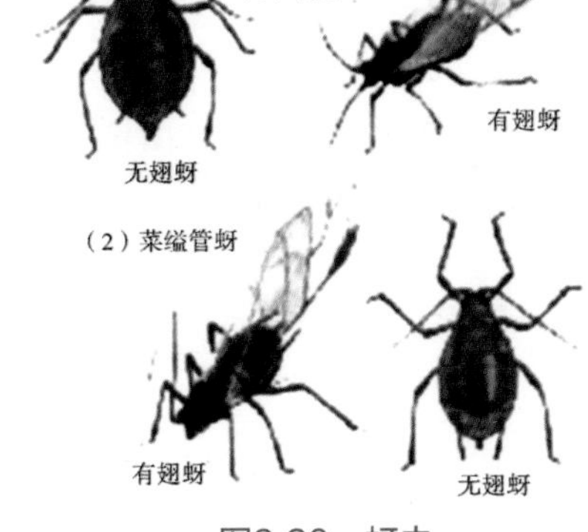

图3.20　蚜虫

2.物理防治

（1）避蚜：覆盖银灰色地膜，利用银灰色对蚜虫的驱避作用，防止蚜虫迁飞到菜地内。

（2）黄板诱蚜：有翅成蚜对黄色、橙黄色有较强的趋避性。利用黄板诱杀，把此板插入田间，或悬挂在蔬菜行间，高于蔬菜0.5 m左右。

（3）利用天敌捕杀：蚜虫的天敌有七星瓢虫、异色瓢虫、龟纹瓢虫、草蛉、食蚜蝇、食虫蝽、蚜茧蜂及蚜霉菌等，用天敌来控制蚜虫数量。

3.药剂防治

（1）喷施农药：发病初期用50%灭蚜松乳油2 500倍液，或20%速灭杀丁（杀灭菊酯）乳油2 000倍液，或2.5%溴氰菊酯乳油2 000~3 000倍液，或2.5%除虫菊素3 000~4 000倍液，或50%抗蚜威可湿性粉剂2 000~3 000倍液，或10%蚜虱净可湿性粉剂4 000~5 000倍液，或15%哒螨灵乳油2 500~3 500倍液，或20%多灭威2 000~2 500倍液，或4.5%高效氟氯氰菊酯3 000~3 500倍液，喷雾防治，效果较好。

（2）燃放烟剂：每亩棚室用10%杀瓜蚜烟剂0.5 kg，或10%氰戊菊酯烟剂 0.5 kg熏杀，防治蚜虫。

（3）喷粉尘剂：每亩棚室用灭蚜粉尘剂1 kg喷施。

（4）洗衣粉灭蚜：用洗衣粉400~500倍液灭蚜，每亩用60~80 kg，连续防治2~3次，可收到较好的效果。

八　棉铃虫

【为害症状】

棉铃虫以幼虫蛀食番茄的蕾、花、果，也为害嫩茎、叶和芽。花蕾受害后，苞叶张开，变成黄绿色，2~3天后脱落。幼果常被吃空或引起腐烂而脱落，成果虽然只被蛀食部分果肉，但因蛀孔在蒂部，便于雨水、病菌流入引起腐烂，所以，果实大量被蛀会导致果实腐烂脱落，造成减产。棉铃虫喜食番茄，每个棉铃虫一生可为害3~5个果实，在严重年份，蛀果率在30%~50%，造成严重减产、减收（图3.21~图3.23）。

【发生规律】

棉铃虫一年发生4~5代，越冬蛹在土中越冬。越冬代成虫5月上中旬羽化，第1代成虫6月中下旬羽化，第2代成虫7月上中旬羽化，第3代成虫8月上中旬羽化，第4代成虫9月中下旬羽化，第5代老熟幼虫10月下旬陆续化蛹越冬。

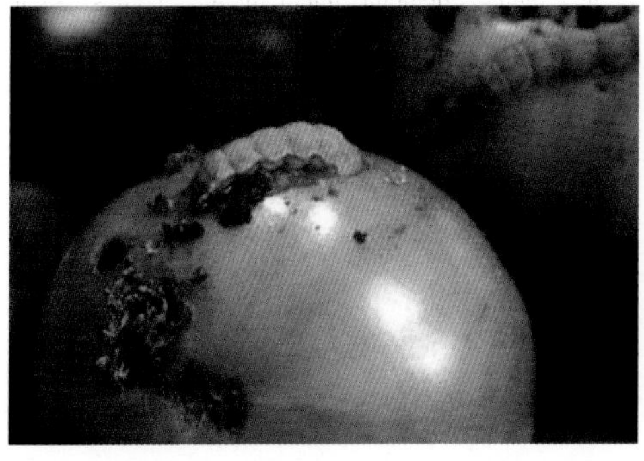

图3.21　棉铃虫为害番茄果实

图3.22　棉铃虫成虫

【防治方法】

1.农业防治 冬季翻耕土地，浇水淹地，减少越冬虫源。根据虫情测报，在棉铃虫产卵盛期，结合整枝，摘除虫卵烧毁。3龄后幼虫蛀入果内，喷药无效，可用泥封堵蛀孔。

图3.23 用杀虫灯诱杀棉铃虫成虫

2.生物防治 成虫产卵高峰后3~4天，喷洒苏芸金杆菌或核型多角体病毒，使幼虫感病死亡，连续喷2次，防效更佳。

3.物理防治 用黑光灯诱杀成虫。

4.药剂防治 番茄第1穗果长到鸡蛋大时开始用2.5%除虫菊素5 000倍液，或20%多灭威2 000~2 500倍液，或4.5%高效氟氯氰菊酯3 000~3 500倍液，或50%辛硫磷乳油1 000倍液，或20%速灭杀乳油2 000倍液，或 2.5%溴氰菊酯2 000倍液，每隔7天喷雾防治1次，连续防治3~4次。

九　地老虎

地老虎俗称截虫、切根虫、夜盗虫。

【为害症状】

对刚定植的番茄为害严重。地老虎3龄前的幼虫大多在植株心叶里，也有的藏在土表、土缝中，昼夜取食植物嫩叶。4~6龄幼虫白天潜伏浅土中，夜间出外活动，常将幼苗近地面的茎基部咬断，造成缺苗断垄。地老虎喜欢温暖潮湿的气候条件，发育适温为13~25℃（图3.24、图3.25）。

【发生规律】

地老虎喜温暖、潮湿环境，高温不利于地老虎的生长和繁殖。地老虎从10月到第2年4月都有发生和为害，长江以南每年发生4~5 代，南方越冬代成虫2月出现。幼虫共6龄，3龄前在地面、杂草或寄主的嫩部取食，为害较轻；3龄后的幼虫有假死性和互相残杀的特性，白天潜伏在浅土中，夜出活动取食，咬断幼苗平

图3.24　地老虎幼虫

图3.25　地老虎成虫

地面处的嫩茎，拖入穴中；5~6龄进入暴食期，为害较重。老熟幼虫有假死习性，受惊缩成“C”形，潜入土内筑室化蛹。成虫昼伏夜出，尤其在黄昏后活动最活跃，并交配产卵，卵产在5 cm以下矮小杂草上。

【防治方法】

1.农业防治 早春清除田园及四周的杂草，用黑光灯或糖醋液诱杀成虫。

2.诱捕诱杀

（1）春季用糖醋液诱杀越冬代成虫，糖、醋、酒、水的比例为3：4：1：2，加少量敌百虫。将诱液放在盆内，傍晚时放到田间距地面1 m处诱杀成虫。第2天早晨收回盆或盆上加盖，以防诱液蒸发。

（2）采集新鲜泡桐树叶，用水浸泡后于第1代幼虫期傍晚时放入被害菜田，每亩用50~70片叶，翌日清晨捕捉叶下幼虫。也可用鲜嫩菜叶、杂草诱集。

3.人工捉治 清晨扒开断苗周围的表土可捉到潜伏的高龄幼虫，连续捉治数天收效良好。

4.药剂防治

（1）3龄前幼虫，每亩用2.5%敌百虫粉剂1.5~2 kg喷粉，或加入10 kg细土制成毒土撒在植株周围。也可用80%敌百虫可溶性粉剂1 000倍液，或50%辛硫磷乳油800倍液，或20%氰戊菊酯乳油2 000倍液，喷雾防治。

（2）虫龄较大时，可选用50%二嗪农乳油或80%敌敌畏乳油1 000~1 500倍液，灌根，杀死土中的幼虫。

（3）每亩用80%敌百虫可溶性粉剂60~120 g，先用少量水溶化，后与炒香的菜籽饼4~5 kg拌匀，也可与切碎的鲜草20~30 kg拌成毒饵，傍晚时撒在苗根附近诱杀。

十 蝼蛄

【为害症状】

温室中温度高，蝼蛄活动早。成虫在地下咬食种子和幼芽，或咬断幼苗。在地下活动时，将土层钻成许多隆起的隧道，使根与土分离，失水干枯而死，造成大片缺苗。蝼蛄咬断处往往呈丝麻状，这是与蛴螬为害的最大差别。

【发生规律】

1.华北蝼蛄 生活史较长，需3年左右完成1代。翌春4月下旬至5月上旬，越冬成虫开始活动。6月开始产卵，6月中下旬孵化为若虫。10~11月龄若虫越冬。4~11月为蝼蛄的活动为害期，春、秋两季为害最为严重。

2.东方蝼蛄 东方蝼蛄在长江以南地区一年发生1代，在北方地区两年发生1代。以成虫和若虫越冬。气温在5℃左右，蝼蛄开始上移；气温在10℃以上时出土活动为害；当20 cm土温上升到14.9~26.5 ℃是为害最严重时期。东方蝼蛄有较强的趋光性，喜栖息在低洼潮湿的沿河、近湖、沟渠等低湿地区（图3.26、图3.27）。

图3.26 东方蝼蛄

【防治方法】

1.农业防治

（1）秋收后，应及时进行大水灌地，使向土层下迁的成虫或若虫被迫向上迁移，并适时进行深耕翻地。把害虫翻上地表冻死。

3.27 华北蝼蛄成虫

（2）夏收后，及时进行耕地，破坏蝼蛄产卵场所。

（3）注意不要施用未经腐熟的有机肥料。在虫体活动期，结合追肥施入一定量的碳酸氢铵，放出的氨气可驱使蝼蛄向地表迁动。施入石灰也有类似的作用。

2.灯光诱杀 夏秋之交，选无风的暗夜，在田边、地头设置灯光诱虫；或在灯下放置有香甜味的、加农药的水缸或水盆进行诱杀。

3.药剂防治 参考对地老虎的防治方法，综合防治。

十一　蛴螬

【为害症状】

幼虫终生栖居土中，喜食刚刚播下的种子、根、块根、块茎及幼苗等，造成缺苗断垄。成虫则喜食害瓜菜、果树、林木的叶和花器。它是一类分布广、为害重的害虫。

【发生规律】

蛴螬是金龟子的幼虫，又称白地蚕。蛴螬1~2年1代，幼虫和成虫在土中越冬，成虫即金龟子，白天藏在土中，晚上8~9时进行取食等活动。蛴螬有假死和负趋光性，并对未腐熟的粪肥有趋性，喜欢生活在甘蔗、木薯、番薯等肥根类植物种植地。幼虫蛴螬始终在地下活动，当10 cm土温达5 ℃时开始上升土表，13~18 ℃时活动最盛，23 ℃以上则往深土中移动，至秋季土温下降到其活动适宜范围时再移向土壤上层（图3.28、图3.29）。

图3.28　幼虫蛴螬1

图3.29　幼虫蛴螬2

【防治方法】

1.农业防治

（1）选用前作物为豆类、花生、甘薯和玉米的地块为最好。

（2）要施用充分腐熟的粪肥，减轻蛴螬为害。

（3）用黑光灯诱杀成虫。

（4）避免施用未腐熟的厩肥，减少成虫产卵。

2.药剂防治 每亩用2%甲基异硫磷粉2~3 kg拌细土25~30 kg成毒土；也可每亩用3%甲基异硫磷颗粒剂，或5%辛硫磷颗粒剂，或5%地亚农颗粒剂处理土壤，用量2.5~3 kg，都能收到良好效果，并能兼治金针虫和蝼蛄等地下害虫。

扫码看附录